U0170203

走向共享社区

——基于共享理念的社区更新之道

孙立　曹政　李铭　著

中国建筑工业出版社

图书在版编目（CIP）数据

走向共享社区：基于共享理念的社区更新之道/孙
立，曹政，李铭著. —北京：中国建筑工业出版社，
2021.10（2023.3重印）
ISBN 978-7-112-26445-2

Ⅰ.①走… Ⅱ.①孙… ②曹… ③李… Ⅲ.①社区—
建筑设计 Ⅳ.①TU984.12

中国版本图书馆CIP数据核字（2021）第159524号

责任编辑：刘　静
版式设计：锋尚设计
责任校对：赵　菲

走向共享社区——基于共享理念的社区更新之道

孙立　曹政　李铭　著

*

中国建筑工业出版社出版、发行（北京海淀三里河路9号）
各地新华书店、建筑书店经销
北京锋尚制版有限公司制版
北京建筑工业印刷厂印刷

*

开本：787毫米×1092毫米　1/16　印张：18½　字数：251千字
2021年11月第一版　2023年3月第二次印刷
定价：**78.00**元
ISBN 978-7-112-26445-2
（37988）

序

　　"共享"是我国"十三五"以及未来"十四五"时期重要的新发展理念之一，是我国各领域发展的出发点与落脚点，充分体现出中国特色社会主义的本质要求。以共享发展理念引领城市规划与建设，对转变城市发展方式、破解城市发展问题、维护城市公平正义、完善城市治理体系、促进城市可持续发展具有重要的指导意义。而随着我国创新驱动发展战略的实施，共享经济也蓬勃发展，与此相关的生活与空间模式如雨后春笋，层出不穷，对我们的生活也产生了很大的影响。因此，"共享"俨然成为我国新时代城市发展的重要主题之一。

　　社区更新是城乡规划学领域一直关注的核心问题之一。社区是城市发展的基础，也是城乡规划研究的基点。传统社区更新注重物质功能的空间建设，而现代社区更新更注重社会功能共享空间建设、信息功能共享空间建设。近年来，从中央到地方都对社区更新和建设提出了更高的目标和要求，因此探索社区更新的理论和方法具有积极的现实意义。同时，对理论与方法的研究是推动社区更新研究领域的核心环节，这不仅能拓展该研究领域的宽度，更能深化理论成果，更好地指导社区更新实践。

　　本书作者紧扣当前以满足人民美好生活需求为导向，将"共享"与"社区更新"融为一体进行研究，从共享理念深度分析论述了社区更新的若干问题，对当前社区更新实践具有一定的参考指导价值，因此课题在理论和实践两方面都具有现实意义。本书揭示了基于共享理念的社区更新的内在机制与外在形式，为新时代的社区更新及完整社区的建设提出了很有创意的思路与对策，可谓研究社区更新问题的有益之作。

中国建筑设计研究院有限公司总建筑师

2021年初春

前　言

"共享"是新时代城市发展的主题之一。从第三次联合国住房和城市可持续发展大会核心文件《新城市议程》到我国《中共中央国务院关于进一步加强城市规划建设管理工作的若干意见》，都蕴含了"共享"的价值取向。与此同时，随着创新2.0时代的来临、互联网技术的快速发展及共享经济的兴起，"共享"理念已对各领域产生深刻影响。"共享"在社区尺度上会促使社区生活发生转变，催生新的社区空间形式，同时也会带来更多的社会效益。通过社区空间、物品与技能共享机制，有助于促进居民交流，引导邻里互帮互助，重构社区人文生态，铸就社区生活共同体。

在我国城市发展进入创新引领、存量挖潜以及内涵提升的新常态背景下，社区更新出现新的逻辑。在空间层面上，社区中品质不高、功能不优、利用不足、长期闲置的存量型空间日益成为社区赖以提升品质、完善功能及催化活力的重要资源。在人文层面上，由于我国城镇化进程的不断加快，城市社会结构发生剧烈变化，社区人文环境步入"亚健康"状态，传统的"远亲不如近邻"俨然退变成"邻里相见不相识"，重建邻里关系日益成为重要的议题。新时代的社区更新要把居民对美好生活的向往作为目标，更加注重社区空间的体验性、生活性及参与性，更加强调社区人文生态的改善，更加重视社区资源的链接与整合。但我国社区更新的技术体系与实施机制尚不完善，仍需要多角度、全方位的积极探索。

同时，我们应该注意到，我国许多社区已较为成功地将共享理念融入不同类型的社区更新实践中，营造了新型社区共享空间，不仅使社区空间品质得以提升，而且从不同层面修复了社区人文生态，促进了多方参与，整合了社区闲置资源，对构建可持续发展的社区环境产生了积极意义，也为新时期的社区更新提供了有益经验。但已有研究对共享理念语境下的社区更新体系的探讨还较少，出现了实践与理论发展不协调的现象。本书试图从共享理念出发，解读并剖析这些具有前驱探索意义的社区更新案例，总结普适性的更新方法与实施策略，从理论高度提升实践案例的价值，为新时期的社区更新提供新的理论与方法。这便是本书研究的出发点与创新点。

本书共分为六个部分。第1章为绪论部分，阐述本书的研究背景、研究目的与意义、概念界定、研究方法与框架等。第2章为相关研究综述部分。首先对社区更新的基础研究作梳理，明确目前我国社区更新实践之中存在的问题；其次，从理论层面分析"共享城市—共享社区—共享空间"三个层面的"共享"内涵及实践策略，为本书提供理论支撑。第3章为案例调查研究部分。首先，对我国现有的基于共享理念的社区更新案例进行整体梳理和认知；其次，选取北京地瓜社区、北京白塔寺社区共享客厅、上海创智农园三个成熟案例进行实地调研并详细剖析，探讨共享理念介入社区更新的重要意义，辨析共同的特征和规律。第4章为更新策略研究部分，根据前文理论与案例的研究，从总体更新、空间详细营造两个层面进一步探讨基于共享理念的社区更新策略。第5章、第6章为应用研究部分，分别以北京市百万庄社区与厂甸11号院为例，分析社区现状特征与问题，探讨共享理念的适用性，并运用前文的研究成果，提出相应的更新设计策略，进一步提高实践意义。第7章为结论与展望部分，总结本书的主要研究成果并进行研究展望。

　　本书从共享理念分析、论述了社区更新的若干问题，期望本书所进行的学术探讨可以起到抛砖引玉的作用，引发社会各界对共享理念及社区更新的关注，积极探索社区更新更多的可持续途径，也促进共享理念在城乡规划建设各领域的应用。

　　由于作者水平与研究时间有限，书中定会有很多疏漏和不妥之处，敬请各位读者批评指正！

目 录

第 *1* 章 绪论

1.1 研究背景

1.1.1 新时期社区更新需要更多的探索与总结

随着我国发展理念及发展方式的转变，社区更新已出现新的逻辑。这一时期，社区更新活动不断兴起，社区更新格局已由政府主导转变为社会多元力量的广泛参与，社区居民、社会团体、公益组织、大学、规划设计院等积极参与到社区更新实践中，为社区空间、人文、产业等不同层面的更新做出有益探索。但我国的社区更新尚属初级阶段，还存在一些难点问题未解决[①]，仍需要多角度、全方位的积极探索。

而我国近几年出现的一些社区更新案例在空间设计、实施运营等方面融入新理念和新方法，取得积极效果。如在北京、上海、成都、佛山等城市社区中将"共享"理念应用到社区存量空间的更新再利用，并产生了"社区共享客厅""社区共享绿地""社区资源共享空间""社区共享厨房"等新型公共空间，不仅提升了空间质量与使用效率，而且充分发挥了空间的社会人文效益。这些案例为社区更新理论与实践研究提供了丰富的样本，需要提炼、归纳、总结，以更好地为我国下一阶段的社区更新实践提供技术支撑。

1.1.2 "共享"成为城市规划建设的重要理念

2016年"人居三"通过的核心文件《新城市议程》中提出"人人共享城市"

---

① 叶原源，刘玉亭，黄幸."在地文化"导向下的社区多元与自主微更新［J］. 规划师，2018，34（02）：31-36.

（Cities for all）的愿景。其中"共享"的内涵包括满足多元个体的需求、加强可持续发展、人人权利平等、以人为中心、共同承担城市建设责任等[①]。社区是城市的细胞，实现"人人共享城市"，离不开在社区尺度的贯彻实施。而对于建成的并存在着"非共享"问题的社区，只能通过更新的手段加以落实。此外，我国的中央城市工作会议也将"共享"理念作为城市发展建设的重要指导思想，2018年中国城市规划年会将主题定为"共享与品质"，希望将"共享"理念落实到城市规划建设的各个领域。

　　共享文明时代最重要的产物是共享经济，李克强总理曾阐述共享经济"人人皆可参与、人人皆可受益，有利于促进社会公平正义"，有学者研究指出共享经济的发展对城市更新[②]以及社区融合[③]也有一定的积极影响。而共享经济的快速发展得益于我国互联网和移动支付的快速普及，我国网民数量世界第一并继续增加，截至2018年6月我国互联网普及率已达57.7%，网民规模达8.02亿（图1-1），

图1-1　我国网民规模和互联网普及率（注：以每年6月为统计截止时间）
资料来源：中国互联网络信息中心. 第42次中国互联网发展状况统计报告［R］. 2018.

① 石楠. "人居三"、《新城市议程》及其对我国的启示［J］. 城市规划, 2017, 41（01）: 9-21.
② 秦静, 周君. 共享经济对英国伦敦东区城市更新的影响作用［J］. 规划师, 2017, 33（S2）: 203-208.
③ 陈晶, 何俊芳. 社区共享经济促进社区融合的趋势及机制——以北京S社区共享生活为例［J］. 城市观察, 2017（05）: 100-109.

其中98.3%的人使用手机上网，需要指出的是，与2015年6月相比，60岁以上的网民占比从2.4%增加到5.1%[①]，可见老年网民数量也达到了一定的规模。共享经济和互联网的快速发展为"共享"理念的推广提供了技术基础，而将"共享"理念引入城市规划建设中，也可迎合共享经济和"互联网+"的时代趋势，更具广泛的渗透力。

1.1.3 城市发展向"存量更新"的转变

2018年末，我国常住人口的城镇化率已达59.58%[②]，但是城市发展可扩张的土地资源却越来越少，城市土地资源短缺与城市人口增加的矛盾已进一步凸显。在北京、上海、深圳等城市新一轮总体规划中，都提出积极利用存量用地的规划思想。《北京城市总体规划（2016-2035年）》明确提出"盘活存量、减量发展"土地规划原则；《上海市城市总体规划（2017-2035年）》则提出"土地利用方式由增量规模扩张向存量效益提升转变"，深圳则是第一个在城市总体规划中提出将"存量挖潜"作为主要土地利用方式的城市。自此，城市存量规划成为城乡规划专业的重要课题，而社区作为城市发展的基本单元，对城市可持续发展发挥着关键作用，社区尺度的存量更新就会显得愈加迫切和富有意义。

1.1.4 共享文明时代空间需求不断改变

随着城市生活的日益多样化，城市既建社区中的公共空间或多或少已不能满足公共生活及居民交往需求，导致社区感的普遍缺乏[③]。而共享时代最重要的技术背景是互联网的快速发展，尤其是移动互联网的普及对社区居民的

---

① 中国互联网络信息中心. 第42次中国互联网发展状况统计报告［R］. 2018.
② 国家统计局. 中华人民共和国2018年国民经济和社会发展统计公报［R］. 2019.
③ 樊洁. 试论社区公共空间的营造与公共生活［J］. 文艺评论，2015（12）：155-156.

生活产生深刻变革，导致居民对社区空间的需求发生相应的变化，单一功能用途的传统社区空间已不再适应居民生活与公共活动的诉求，居民愈发需要多样化、体验性、趣味性的社交与休闲空间①。因此，城市既有社区需要通过社区更新的手段，打造新型公共空间，以支撑城市与居民生活方式的不断变化。

1.2　研究目的

本书在城乡规划学、建筑学、风景园林学、经济学、社会学等多学科理论指导下，以相关实践案例的调查研究为基础，尝试架构基于共享理念的社区更新策略体系，以期为新时期的社区更新提供新思路，为了实现该研究目的，设定以下四个研究问题来展开调查和思考。

（1）基于城乡规划专业视角如何理解"共享"理念？

（2）"共享"理念介入社区更新的意义？

（3）目前我国有哪些尝试探索性实践案例？效果如何？有什么共同的特征与规律？

（4）通过已有的相关案例，基于"共享"理念的社区更新策略体系如何架构？与其他模式社区更新有何不同？

1.3　研究意义

"共享"理念是新时代城市发展的重要主题之一。社区更新作为实现社区

---

① 陈虹，刘雨菡."互联网+"时代的城市空间影响及规划变革［J］. 规划师，2016，32（04）：5-10.

可持续发展的重要手段，运用"共享"理念，会更适合时代的发展，具有广泛的社会、文化、生态等综合价值。本研究尝试将"共享"理念融入社区更新策略中，具有一定的理论和实践意义。

（1）理论意义

共享理念虽已向城乡规划各领域渗透，但国内外文献研究对"共享"理念语境下的社区更新体系研究较少，而相关实践已经展开，缺乏理论跟进与支撑。本研究将共享理念融入社区更新之中，从理论角度剖析案例并总结实践经验，以期成为解决新时期城市社区中空间及人文生态问题的一种手段，弥补共享理念与社区更新交叉研究的不足，具有一定的理论意义。

（2）实践意义

在共享文明时代，我国北京、上海、深圳、成都等城市的社区进行了一些蕴含共享理念的社区更新尝试。本研究搜集整理相关案例并选取典型案例进行实地调查研究，分析各案例更新的特点，评价实施效果，总结相似的规律和特征，并将相关经验上升到理论层面，然后将理论成果应用到北京市百万庄社区与厂甸11号院更新实践中，希望能促进共享理念在社区更新中的应用以及为其他地方的社区更新实践提供参考。

1.4 概念界定

1.4.1 社区

"社区"由德国社会学家滕尼斯（F. Tönnies）于1887年在其著作《社区与社会》（*Gemeinschaft and Gesellschaft*）中首次提出。而汉语词汇"社区"则由我国社会学家费孝通先生在20世纪30年代翻译而来，他指出社区是若干社会群体或社会组织，聚集在某个地域里形成的，在生活上相互关联的一个大集体[①]。而1981年，经过著名美籍华裔社会学者杨庆坤的文献统计，关于社区定义的说法已超过140余种[②]。我国民政部于2000年在《关于在全国推进城市社区建设的意见》中做出了规定："社区是指聚居在一定地域范围内的人们组成的社会生活共同体。[③]"该定义即是本书中对社区一词所认同的含义。

美国社会学家帕克在《城市社会学》一书中根据地域性特征将社区分为农村社区、集镇社区和城市社区三类。因考虑到城乡社区在空间形态、人口结构、产业基础及共享经济发展水平等方面的差异，本书的主要研究对象为城市既有社区，即城市建成区内的已经投入使用的社区。

1.4.2 社区更新

社区更新是综合性的系统工程，涉及社区的多个方面。而本书所研究的社区更新重点关注社区存量空间（包括社区室内、室外、地上、地下等未充分利用的公共产权空间）的更新再利用。通过运用"共享"理念激活社区存量空间，对社区的物质、人文、资源利用等方面进行改善，以提升社区空间品质、提高社区资源利用效率、修复社区人文生态。

1.4.3 "共享"理念

不同语境下的"共享"内涵并不相同。当"共享"是一种发展理念的时候，体现的是解决社会公平正义问题的人文价值观[④]；当"共享"是一种经济模式的时候，体现的是一种以使用权转移为特征的资源高效分配模式[⑤]；当"共

---

① 刘阳. 基于文化资本的社区更新研究［D］. 重庆：重庆大学，2016.
② 刘元. 基于社区营造的城市社区文化产业发展模式研究［D］. 天津：天津大学，2015
③ 原珂. 中国特大城市社区类型及其特征探究［J］. 学习论坛，2019（02）：71-76.
④ 石楠. 共享［J］. 城市规划，2018，42（07）：1.
⑤ 郑联盛. 共享经济：本质、机制、模式与风险［J］. 国际经济评论，2017（06）：45-69+5.

享"是一种社会建设模式的时候，体现的是一种共商、共建、共享的社会建设格局①。而社区更新涉及居民的公共利益、空间资源分配及实施方式等多方面问题，因此本书认为，在社区更新语境下，"包容公平""使用权分享""共商共建"三方面涵义均应有所体现。

1.5 研究方法与框架

1.5.1 研究方法

本书主要采用以下四种研究方法：

（1）文献研究法

通过对国内外关于共享理念与社区更新的文献查阅，梳理社区更新的发展阶段及现状问题、分析共享理念内涵、探讨基于共享理念的社区更新的意义，为将共享理念融入社区更新提供理论基础和思路框架。

（2）案例调研法

案例调研法是本书最主要的方法，首先通过网络与文献检索，对国内一些基于共享理念的社区更新实践案例进行收集，并进行分类与整体认知；其次，选取成熟的案例，通过问卷调查、非参与式观察、深入访谈等相结合的方法进行实地调查研究。

（3）比较分析法

将实地调研的案例进行比较分析，分别从空间更新、实施主体、运营方式等角度辨析异同点，从共享视角出发得出能够适用于各类型社区的普适性结论，以期为其他地区的社区更新提供实践指导。

---

① 汤海孺. 开放式街区：城市公共空间共享的未来方向［J］. 杭州（我们），2016（09）：9–11.

（4）理论与实践相结合的方法

首先，从理论层面，分析共享理念内涵与介入社区更新的意义，并通过案例调研予以实践支撑；其次，将案例实践经验转换为相关理论，并指导北京市百万庄社区与厂甸11号院的更新实践。

1.5.2 研究框架

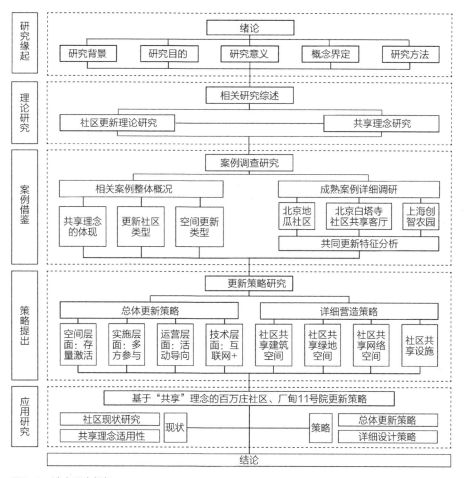

图1-2 论文研究框架

第 2 章　相关研究综述

本章首先分别对"社区更新"及"共享"理念进行理论梳理和总结，旨在发现目前社区更新中存在的问题、"共享"理念的内涵及在城市、社区、空间三个层面的规划实践方法，为本书提供理论支撑。

2.1 社区更新研究

2.1.1 我国社区更新的发展历程

自新中国成立以来，我国社区更新主要经历了启蒙探索、全面探索、深化探索、转型探索四个阶段（表2-1）。

我国社区更新历程与特征分析   表 2-1

阶段划分	阶段背景	阶段特征	
		实践层面	理论层面
1949～1978年启蒙探索阶段	社会生产力有限，百废待兴	主要工作重点是局部住宅单体的整修维护及基础设施的完善	主要集中在住宅单体的加固、维护、加层、修缮等技术方面
1978～2000年全面探索阶段	随着经济的复苏，国家出台关于旧城区更新改造的政策及规范，社区更新的范围、技术等进入全面发展阶段	受住宅商品化的驱使，社区更新以大拆大建为主，虽然对人居环境改善起到积极的作用，但也产生了城市特色缺失、历史风貌破坏、社会生态割裂等负面问题	针对大拆大建所产生的弊端，专家学者积极探索社区更新的新理论。如吴良镛先生创造性地提出"有机更新"理论，成为日后社区更新的主要理论依据
2000～2014年深化探索阶段	经济快速发展，经济总量不断提升，房地产成为经济发展的重要增长点	实践与理论更加紧密结合，社区更新不仅关注物质空间的美化，开始注重城市功能结构调整、历史文化保护、人文生态优化等，新中国成立后建设的社区成为重点更新改造对象，但仍存在着大拆大建的现象	专家学者从空间设计、文化、公众参与、节能、低碳、适老化、产业、政策机制等多角度对社区更新进行深化研究，此外，社区更新理论研究也呈现规划学、建筑学、社会学、管理学等学科交叉融合的趋势

续表

阶段划分	阶段背景	阶段特征	
		实践层面	理论层面
2014年至今 转型探索阶段	经济发展进入新常态，国家提出五大新发展理念，转型发展趋势明显	小规模、创新性、渐进式、可持续的社区微更新模式越来越成为主流；实施主体也呈现多元化的特征	专家学者从更综合、更精细、更多元的角度对社区更新进行理论研究，GIS等辅助分析技术也逐渐得到应用

资料来源：刘思思，徐磊青. 社区规划师推进下的社区更新及工作框架［J］. 上海城市规划，2018（04）：28-36；胡毅，张京祥. 中国城市住区更新的解读与重构——走向空间正义的空间生产［M］. 北京：中国建筑工业出版社，2015.

　　目前，我国经济发展进入新常态，各方面建设都处于提质升级的新时期，城市与社区更新也处于转型探索阶段。与之前社区更新"大拆大建"模式相比，转型阶段的社区更新更强调小微尺度、创新性与可持续性；建设模式也由过去的政府主导转变为政府搭建平台，社会力量与居民广泛参与的新模式；组织形式也越来越社会化，如举办设计周、设计竞赛、设计工作坊、方案评选、居民反馈等多种活动，充分调动社会各方面积极性，保障社区更新的质量与可持续性，我国一些特大城市已展开积极探索，如北京"白塔寺再生计划"（2015）、"遇见什刹海"（2016）、上海"行走上海——社区空间微更新计划"（2016）、深圳"趣城·社区微更新计划"（2014）等。现阶段社区更新的理念也愈发富有创意和趣味，与经济背景、科技水平、生活方式不断融合，这也体现出社区更新是一个动态过程，仍然需要多角度、全方位的不断研究与探索。

2.1.2　我国社区更新的主要类型

　　现有的社区更新类型最终目标均是改善人与社区的关系，实现社区的可持续发展，根据其更新的要素可分为两大类，即社区空间更新类及社区人文更新类，更新的一般路径是对社区的建筑、公共空间、区位、历史、居民构成与需求、文化与产业等空间或人文环境进行现状梳理，发现核心问题，确定主要模式（表2-2）。

社区更新主要模式及特征   表2-2

更新模式		侧重点	常用策略
空间要素更新类	建筑改造型	建筑结构、功能、外观、形态的完善	结构加固、加装电梯、功能置换、立面改造、适老化改造等
	设施完善型	增补市政、交通、公共服务等社区基础设施	增加停车空间、市政设施扩容升级、文教体卫类设施完善等[1]
	拆除重建型	提高土地的经济效益，提高空间承载力	基本推倒重建，较大的开放强度，较高的容积率等
	整治提升型	居住环境的综合整治，提升居住空间品质	城市针灸、微更新、增加社区公共空间、卫生整治等
	历史保护型	保护传统历史文化风貌，延续城市文脉	历史文化遗产保护与利用、划定保护控制区、梳理传统空间肌理等
人文要素更新类	社区治理型	加强基层治理能力，提升居民自治能力	加强基层党组织建设、建构多元参与的治理体系、培育社区规划师等[2][3]
	文化推动型	社区尺度的文化复兴，社区文化资本的利用	营造文化空间、改善文化设施、发展社区特色文化、提升社区文化形象等[4]
	产业导向型	优化社区产业结构，实现社区永续经营	挖掘社区特色资源，同旅游和文化创意协调发展，完善政策激励机制等[5]
	社群导向型	以社群的空间集聚为抓手，活化社区人文环境	引导特定社群参与社区公共活动的策划与营造，构建社区交流网络[6]

① 屈亚茹. 存量空间视角下老旧居住区渐进式更新的规划策略研究——以郑州市中原区国棉厂片区为例 [D]. 郑州：郑州大学，2017.
② 张腾龙，王晓颖，计昕彤，等. 沈阳市 "社区共治" 体系构建探索与成效 [J]. 规划师，2019（04）：5-10.
③ 沈阳市牡丹社区更新：老小区社区治理体系的重构 [J]. 江苏城市规划，2018（11）：39-40.
④ 刘阳. 基于文化资本的社区更新研究——以重庆市渝中区为例 [D]. 重庆：重庆大学，2016.
⑤ 刘元. 基于社区营造的城市社区文化产业发展模式研究 [D]. 天津：天津大学，2016.
⑥ 左进，孟蕾，李晨，等. 以年轻社群为导向的传统社区微更新行动规划研究 [J]. 规划师，2018，34（02）：37-41.

2.1.3　我国社区更新的研究进展

随着城市规划的转型，我国有关社区更新的研究成果不断增多，主要包括两部分，一是国外发达国家的经验介绍，如英国"自助社区"、日本"内生型社区"、德国"社区菜园"等为我国社区更新机制的完善提供了良好的借鉴[①]。二是针对国内具体社区的实证与策略研究，涉及领域由单一的空间改善转向实施主体、政策制度、人文、社区营造等综合方面，更新理念也不断丰富，如"城市双修""微更新""共同缔造""文化资本""全域旅游""健康城市"等。

2015年，"共享"正式成为引领我国发展的五大新理念之一，同时共享经济也在这一年兴起。作为新时代的重要特征，社区更新应对"共享"背景予以积极回应，但是目前相关研究还较少。

2.1.4　我国社区更新的问题反思

目前学者认为我国社区更新存在着的主要问题是缺乏人文关怀、生活关注、多方参与机制等方面。黄瓴（2018）提出，目前我国社区更新问题较为紧迫，传统更新方式以物质环境改善为主，缺乏人文关怀以及有效手段，导致社区人文问题加剧[②]。贾梦圆（2016）提出，居民和社会组织参与社区更新的机制以及政策法规尚不健全，导致社区更新项目的可持续性较差[③]。李峰（2015）认为，目前城市及社区更新价值导向较为失范，缺乏对多样性生活的关注，忽

[①] 叶原源，刘玉亭，黄幸."在地文化"导向下的社区多元与自主微更新［J］.规划师，2018，34（02）：31-36.

[②] 黄瓴，周萌.文化复兴背景下的城市社区更新策略研究［J］.西部人居环境学刊，2018，33（04）：1-7.

[③] 贾梦圆.老旧社区可持续更新策略研究——新加坡的经验及启示［G］//中国城市规划学会，沈阳市人民政府.规划60年：成就与挑战——2016中国城市规划年会论文集（17住房建设规划）.中国城市规划学会，2016：10.

视居民生活体验①。

此外，社区中拥有各种资源，对居民日常生活发挥着积极作用。而目前社区更新模式缺乏对社区资源开发与整合的关注，不利于推动社区的可持续发展。

因此，为了更好地推动社区可持续更新，需要探索新的更新理念与策略。

2.2 共享理念研究

2.2.1 "共享"内涵研究

2.2.1.1 哲学视角

（1）西方哲学

西方哲学关于"共享"的认知主要分为启蒙、争论、变革三个阶段，基本围绕"社会发展成果是由少数人享有还是多数人享有"这一核心议题展开②。最早涉及"共享"理念的西方哲学家是柏拉图，他在《理想国》中提出"共产共妻共子"的理想。其后，亚里士多德、西塞罗、阿奎那等对"共享"议题提出观点。18世纪，财产私有的观点占据主流，"共享"的认知由盛转衰。19世纪，马克思主义哲学的诞生将"共享"的价值观推向顶峰（表2-3）。

（2）中国古典哲学

我国自古以来便是拥有"共享"文化基因的民族。与西方相比，中国先哲更强调社会发展"共享"的价值观，涉及财产分配、贫富差距、政治待遇、伦理等多个方面，并且"共享"的价值观一脉传承至今（表2-4）。

---

① 李峰. 日常生活视角下城市社区公共空间更新研究——以水井坊社区更新为例［D］，成都：西南交通大学，2015.
② 岳晓峰. 马克思主义哲学视阈下的共享发展理念［D］. 北京：中共中央党校. 2017.

西方哲学关于"共享"理念的认知史　　　　　　　　　　表 2-3

阶段	代表人物	观点
启蒙阶段	柏拉图	《理想国》："共产共妻共子"
	亚里士多德	《政治学》：社会财产应兼备"公有"及"私有"
	西塞罗	《论责任》：提出人人均可享用"自然"所赋予的一切
	托马斯·阿奎那	人类社会应由人类共同享用，公共利益是财产分配的参考标准等
争论阶段	洛克、康德、黑格尔等	提倡财产私有的合理性，与"共享"的观点展开争论
变革阶段	马克思、恩格斯	社会发展成果应由全体人民共享，所有人都平等地享有社会资源

资料来源：岳晓峰. 马克思主义哲学视阈下的共享发展理念 [D]. 北京：中共中央党校，2017.

中国哲学关于"共享"理念的认知　　　　　　　　　　表 2-4

代表人物或出处	观点
《道德经》	天之道，损有余而补不足
《论语·季世篇》	不患寡而患不均
《礼记·礼运》	大道之行也，天下为公
《孟子·梁惠王》	老吾老以及人之老，幼吾幼以及人之幼
《太平经》	此财物乃天地中和所有以共养人也
叶适	不同阶层的政治待遇应平等

2.2.1.2　社会学视角

Russell Belk（2007）认为共享不同于私有制，是人际交往与互动的过程，由社会文化决定[1]。Pippa Norris（2008）认为，共享意味着多元群体在政治决策与实施过程中机会平等，从而实现权利共享与社会共赢[2]。亚历杭德罗·托莱

---

[1]　BELK R.Why Not Share Rather than Own? [J]. The Annals of the American Academy of Political and Social Science, 2007, 611（1）：126–140.

[2]　NORRIS P.Driving Democracy: Do Power–sharing Institutions Work [M]. Cambridge: Cambridge University Press, 2008.

多（2017）提出"共享社会"概念，认为社会中每个人的人权、机会、福利等均应得到尊重①。刘占勇（2017）认为，社会学认为"共享"是推进社会良性、协调发展的战略途径，社会学中"共享"的涵义是社会系统中的经济、政治、文化、社会等各子系统要创造更多的资源并分配好这些资源，体现社会共享发展的综合性和系统性②（表2-5）。

社会系统"共享"发展分析　　　　　表2-5

社会系统分类	任务	要义
经济子系统	创造物质资源	互惠经济活动的行动主体进行平衡的社会交换
政治子系统	创造政治资源	共识：政治活动的行动主体共同参与目标的商讨与达成
社会子系统	创造公共资源	权利与义务对等：社会活动的行动主体既享有权利，也承担义务
文化子系统	创造文化资源	平等：文化活动的行动主体认同平等的价值观

资料来源：刘占勇. "共享发展"的社会学研究［J］. 理论与现代化, 2017（05）: 121-126.

2.2.1.3　经济学视角

（1）共享经济内涵

经济学对"共享"的认知主要集中在"共享经济"方面。共享经济又称分享经济、协同消费、P2P经济等，目前学者和业界尚未统一"共享经济"的定义。共享经济概念最早起源于1978年美国社会学家马科斯·费尔逊（Marcus Felson）和琼·斯潘思（Joe L. Spaeth）通过《社区结构与协同消费》（*Community Structure and Collaborative Consumption: A Routine Activity Approach*）一文提出的"协调消费"（collaborative consumption）概念，认为协同消费是人与其

---

① 托莱多. 共享型社会：拉丁美洲的发展前景［M］. 郭存海，译. 北京：中国大百科全书出版社，2017.
② 刘占勇. "共享发展"的社会学研究［J］. 理论与现代化, 2017（05）: 121-126.

他人联合进行商品和服务消费活动，如一起喝酒吃饭、共同使用家庭洗衣机等①。2010年雷切尔·布茨曼（Rachel Botsman）和路·罗杰斯（Roo Rogers）的专著《我的就是你的——协同消费的兴起》（*What's Mine is Yours—The Rise of Collaborative Consumption*）认为协同消费跨越所有权限制的藩篱，以非永久的使用权为基础进行商品和服务消费活动②；2014年美国杰里米·里夫金（Jeremy Rifkin）在《零边际成本社会》（*The Zero Marginal Cost Society*）一书中认为科技的快速发展可以低成本甚至零成本地进行资源交换，并认为共享经济会成为人类生产和发展的主要经济模式之一③；《中国分享经济发展报告2016》中将分享经济定义为利用互联网等现代技术整合，分享海量的分散化闲置资源，满足多样化需求的经济活动的总和④；而《中国分享经济发展报告2017》以及《中国共享经济发展年度报告2018》则改述为利用互联网等现代信息技术，以使用权分享为主要特征，整合海量、分散化资源，满足多样化需求的经济活动总和⑤。可见学界和业界对共享经济的认识是不断深化和完善的。

（2）共享经济特征

共享经济一般具有三个主要特征，一是所有权与使用权分离为共享经济的核心环节⑥，这是共享经济与传统经济最本质的不同。通过存量资源使用权的暂时性让渡，满足消费者体验性需求和低成本需求，让存量资源的所有权发挥

① FELSON M, SPAETH J L. Spaeth. Community Structure and Collaborative Consumption: A Routine Activity Approach ［J］. American Behavioral Scientist, 1978, 21（4）：614-624.
② BOTSMAN R, ROGERS R. What's mine is yours: The rise of Collaborative Consumption ［M］. New York: Harper Business, 2010.
③ 里夫金. 零边际成本社会 ［M］. 赛迪研究院专家组，译. 北京：中信出版社，2014.
④ 国家信息中心信息化研究部，中国互联网协会分享经济工作委员会. 中国分享经济发展报告2016 ［R］. 2016.
⑤ 国家信息中心分享经济研究中心，中国互联网协会分享经济工作委员会. 中国共享经济发展年度报告2018 ［R］. 2018.
⑥ 郑联盛. 共享经济：本质、机制、模式与风险 ［J］. 国际经济评论，2017（06）：45-69+5.

更大价值，达到供需双方的共赢。二是以互联网等现代信息技术为中介的第三方平台快速精准地匹配市场供需双方，高效地分配市场资源。三是以社会存量或闲置资源作为共享经济的重要供给来源之一，通过存量资源的重复高效利用，释放存量资源更多的价值，减轻社会资源供给压力，缓和市场供需矛盾。

（3）我国共享经济发展概况

我国共享经济的兴起主要是源于四个方面。一是"创新、协调、绿色、开放、共享"的发展理念引发经济社会的深刻变革；二是经济发展进入新常态以及供给侧结构改革引领的产业升级；三是"互联网+"、第三方支付技术的快速发展引导的信息技术革命；四是"大众创业、万众创新"激发社会创新创业的潜能。四个方面相互结合成为我国共享经济发展的催化剂。2019年，我国共享经济市场交易额已达32828亿元（图2-1、图2-2），同比增长11.6%，预计未来三年间年均复合增速将保持在10%～15%的区间，将呈现稳中向好的发展态势。

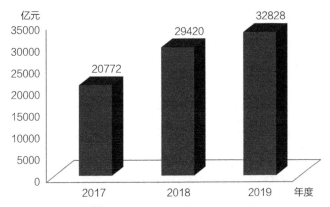

图2-1　2017-2019年中国共享经济市场交易额
资料来源：国家信息中心分享经济研究中心. 中国共享经济发展报告2020［R］.
2020, 3.

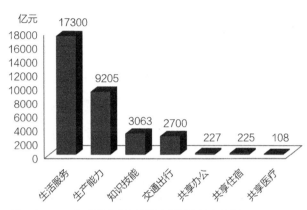

图2-2　2019年中国共享经济重点领域市场交易额
资料来源：国家信息中心分享经济研究中心. 中国共享经济发展报告
2020［R］. 2020，3.

　　我国共享经济在稳就业方面发挥了积极作用，并且在推动服务业结构优化、促进消费方式转型等方面的作用进一步显现。随着我国全面建设小康社会的加速推进、与共享经济相关的政策支持力度持续加大，共享经济在教育、医疗、养老等民生重点领域的发展潜力将加速释放，平台企业商业模式将更趋成熟，平台企业上市步伐有望加速。未来，共享制造将会成为我国"十四五"期间制造业转型发展的重要抓手，大型制造企业的资源开放以及共享平台对制造企业的赋能将成为共享制造未来发展的重要支撑；区块链等新技术将成为行业发展的新热点，在信息安全与监管、数据共享、产权保护等方面将发挥重要作用；"互联网+"监管和基于信用的差异化监管将进一步加强[①]。

2.2.1.4　规划学视角

　　"共享"引发规划学界关注源于三个背景，一是从国际角度，"人居三"提出"人人共享城市"愿景，促进了国际范围内对城市共享发展的探讨和研究；

---

①　国家信息中心分享经济研究中心. 中国共享经济发展报告2020［R］. 2020，3.

走向共享社区——基于共享理念的社区更新之道

二是从国内角度，中共十八届三中全会提出包含"共享"的五大新发展理念，重新树立了城市发展的价值观；三是从科技发展和经济革新角度，"互联网+"与共享经济快速兴起，深刻影响着人们的观念和生活。基于以上背景，规划学界对"共享"的认知也主要集中在包容公平的城市规划理念、高效精准的资源配置方式以及共商共建的城市建设模式等三个方面（表2-6）。

"共享"理念研究的文献整理　　　　　　表 2-6

学者	年份	文献名称	主要观点
石楠	2018	共享	从国际上看，"人居三"倡导"人人共享城市"，即人人平等享有居住在城市、追求品质生活的权利，也平等享有参与城市建设、发展经济的机会；从国内看，共享的发展理念强调全民共享、全面共享、渐进共享，重点解决社会公平正义问题[①]
石楠	2017	"人居三"、《新城市议程》及其对我国的启示	"人人共享城市"（cities for all）的实质是把包容性发展放在核心位置。"人人共享"包括五方面含义：① "人人"指的是多元化的个体需求，而并非传统意义上的"人"的集合，即城市发展要满足多元个体的需求；② "人"不仅指当代的人，也指未来的、后代的人，体现可持续发展理念；③人人权利平等，要更加关注弱势群体，避免任何歧视及空间分异，体现城市发展的社会公平；④强调"以人为中心"；⑤ "享有"的同时也意味着人居环境"建设"的责任[②]
汤海孺	2016	开放式街区：城市公共空间共享的未来方向	"共享"是城市规划资源配置的重要理念。"共享"除了资源共享的本义，还应扩展概念，即"共会""共建""共治"。"共会"指的是实施主体的充分协商；"共建"指社会力量共同建设；"共治"指公众要参与城市管理决策过程[③]
李勇	2016	关于当代共享的背景、内涵及意义	共享是资源配置新方式、经济社会新形态、日常生活新观念[④]

① 石楠. 共享［J］. 城市规划，2018，42（07）：1.
② 石楠. "人居三"、《新城市议程》及其对我国的启示［J］. 城市规划，2017，41（01）：9-21.
③ 汤海孺. 开放式街区：城市公共空间共享的未来方向［J］. 杭州（我们），2016（09）：9-11.
④ 李勇. 关于当代共享的背景、内涵及意义［J］. 杭州（我们），2016（07）：24-30.

2.2.1.5　小结

不同学科会对"共享"理念有不同的理解。哲学视角下,"共享"体现的是平等、公平的发展价值观;社会学视角下,"共享"体现的是社会互助与协调发展的途径;经济学视角下,"共享"体现的是高效精准的资源配置方式。

而规划学视角下,"共享"内涵包括三个方面:首先是平等包容的人文价值观,强调关注多元人群的需求,体现城市规划的人文关怀;其次是一种以使用权转移为基础的资源分享模式,体现城市规划的集约导向;最后是一种共商共建的社会协作模式,强调社会全体成员的共同参与,体现城市规划的公共属性。

2.2.2　共享城市研究

2.2.2.1　对共享城市的理解

针对共享城市的研究,学者的观点主要集中在:首先共享城市是一个公平、平等的城市,其次信息平台、共享经济或社会协作应为城市发展的主导方式,最后城市空间通过共享可以有效提高利用效率,满足居民多样化需求等(表2-7)。

"共享城市"研究的文献整理　　　　　　　　　　表 2-7

学者	文献名称	对共享城市的理解
Duncan McLaren, Julian Agyeman	*Sharing Cities*	基于信息平台协调社会力量,形成协作消费或生产,实现个人与公共资源共享,促进城市正义、稳定及可持续性[①]
赵四东,王兴平(2018)	共享经济驱动的共享城市规划策略	共享城市是城市发展"高阶"形态;经济层面,降低交易成本和提高资源利用效率;社会层面,重建社会信任与改写交往规则;规划层面,活化城市存量空间和优化城市功能[②]

① MCLAREN D, AGYEMAN J. Sharing Cities: A Case for Truly Smart and Sustainable Cities [M]. Cambridge: The MIT Press, 2015.
② 赵四东,王兴平. 共享经济驱动的共享城市规划策略 [J]. 规划师,2018,34(05):12-17.

续表

学者	文献名称	对共享城市的理解
袁昕 （2018）	以共享经济促进共享 城市发展	共享城市从空间层面要有充分的功能混合及平衡的 空间组织，人文层面体现人群的特性化①
陶希东 （2018）	共享城市建设的国际 经验与中国方略	共享城市应具备包容性、公平性、参与性等内在要 求，体现共享经济占主导位置、现代科技与城市生 活高度融合、社会信任度与市民文明素质较高等 特征②
赵灵佳 （2018）	共享城市背景下城市 口袋公园弹性策略 研究	共享城市更加强调城市使用及参与的公平性，同时 基于互联网技术，降低社会运行成本、提高城市资 源利用效率③
薛非，刘少瑜 （2017）	共享空间与宜居生活	共享城市的关键挑战在于如何驱动和连接共享空 间、资源和设施，以满足城市宜居性和可持续发展 要求④
俞孔坚 （2017）	共享城市	"共享程度"可衡量城镇化的水平，"城镇化"即"共 享化"，而共享城市就是要形成共享的生活方式⑤

2.2.2.2　共享城市规划策略

基于对共享经济的认知以及新加坡、韩国等国家的实践经验，学者对共享城市规划策略的出发点有法律政策、存量资源利用、互联网+、公众参与、空间可达性、开放性与均衡性等方面。

赵四东等（2018）提出了共享城市"四体系一回归"的规划策略，即设计导向的共享城市规划体系、功能导向的共享城市应用体系、活动导向的共享城市空间体系、公众导向的共享城市治理体系和共享主义的城市权利价值

① 袁昕. 以共享经济促进共享城市发展［J］. 城市规划，2018，42（03）：107.
② 陶希东. 共享城市建设的国际经验与中国方略［J］. 中国国情国力，2017（01）：65–67.
③ 赵灵佳. 共享城市背景下城市口袋公园弹性策略研究［G］//中国城市规划学会，杭州市人民政府. 共享与品质——2018中国城市规划年会论文集（07城市设计）. 中国城市规划学会，2018：7.
④ 薛非，刘少瑜. 共享空间与宜居生活——新加坡实践经验［J］. 景观设计学，2017，5（03）：8–17.
⑤ 俞孔坚. 共享城市［J］. 景观设计学，2017，5（03）：5–7+4.

回归①。

陶希东（2017）提出，共享城市可以采取以大数据为依托的共享性、公益性社会策略，建立"共享交通—共享住房—共享办公—共享社区"四大共享性社会经济体系，全面提升资源使用效率、实现社会融合、促进共同发展②。

薛非、刘少瑜（2017）对新加坡实践中的共享空间和城市宜居性进行了回顾性探讨，提出新加坡是通过决策制定、空间配置和场地管理三个层面来促进城市未来更加美好繁荣③。

俞孔坚（2017）提出，通过打通围墙、开放专用绿地、建立连续的自行车道网络、溶解公园、溶解城市和将农田引入城市等方式满足城市景观共享的需求④。

2.2.2.3 "共享"与城市更新

目前学术界基于"共享"视角主要从两个方面探讨城市更新问题。

一方面是基于公平正义的城市发展理念，张丽（2016）提出，坚持以人民为中心的发展思想，按照人人参与、人人尽力、人人享有的要求，在城市更新中提高基本公共服务效率和优质化、均等化水平，促进市民群众共享城市发展成果⑤。

另一方面是基于共享经济的发展，秦静（2017）提出，共享经济的发展对城市更新活动有积极的推动作用，如提升城市闲置空间利用效率、迎合城市更新产权复杂的问题、为创新人才提供机会、推动"自下而上"的更新机制等⑥。

———————————

① 赵四东，王兴平. 共享经济驱动的共享城市规划策略 [J]. 规划师，2018，34（05）：12-17.
② 陶希东. 共享城市建设的国际经验与中国方略 [J]. 中国国情国力，2017（01）：65-67.
③ 薛非，刘少瑜. 共享空间与宜居生活——新加坡实践经验 [J]. 景观设计学，2017，5（03）：8-17.
④ 俞孔坚. 共享城市 [J]. 景观设计学，2017，5（03）：5-7+4.
⑤ 张丽，江奇. 贯彻落实五大理念　系统推进城市更新 [J]. 中国房地产，2016（28）：58-61.
⑥ 秦静，周君. 共享经济对英国伦敦东区城市更新的影响作用 [J]. 规划师，2017，33（S2）：203-208.

2.2.2.4　共享城市建设的国际经验研究

有学者统计，目前全球大约有五十多个国家和地区的一百多个城市已经计划或正在建设共享城市[①]，其中韩国首尔、荷兰阿姆斯特丹、意大利米兰、瑞典国家共享城市计划、欧盟共享城市项目等具有一定的代表性，其主要的经验做法集中在网络共享平台、共享经济与共享活动、城市存量空间与资源利用、社会参与、政策保障等方面。

（1）韩国首尔

韩国首尔是世界上第一座建设共享城市的国际化大都市，成为全球共享城市典范。2012年9月20日，首尔市宣布共享城市倡议，10月首尔市颁布"首尔共享城市推进计划"（공유도시 서울 추진계획），该计划包括20个优先推进的共享城市项目，涉及物品、空间、人力、时间、信息五个领域（表2-8）。首尔市将共享城市作为一种新型城市模式，旨在创造新的经济机会，减少资源浪费，同时解决城市经济、社会和环境存在的问题。此外，共享对于首尔市社区建设同样具有重要意义，因此，首尔市政府将共享城市项目与社区建设项目一起实施，作为首尔市政府的优先政策之一。

首尔市建设共享城市主要有四个原因。其一，共享可使相对少的资源获得相对多的价值，增强了资源的利用效能，可让首尔市政府用更少的预算为市民提供更多的服务，例如将首尔市政府机关闲暇时间的办公空间分享给市民，就可减少为市民活动建造新建筑的预算；其二，富有活力的共享经济可创造新的就业机会与附加价值，通过信息技术整合社会资源，降低企业运行风险，创造新的工作类型，市民也可利用拥有的闲置资源（如空房屋）来赚取额外的收入；其三，共享可以帮助恢复消失的社区意识，增加社会与邻里交流，促进形成基

---

① 邹伟，郑春勇. 发达国家的"分享型城市"建设实践、争议与启示 [J]. 电子政务，2018（09）：108-113.

首尔市优先推进的共享城市项目　　　　表 2-8

类别		项目	首尔市负责单位
物品	1-1	共享汽车	城市交通总部
	1-2	共享书屋	首尔革新企划馆
	1-3	社区共享工具房	首尔革新企划馆
	1-4	共享童装平台	首尔革新企划馆
	1-5	市立医院保健所共享医疗设备	福利健康室
	1-6	共享办公设备	财务局
空间	2-1	共享智能停车场	城市交通总部
	2-2	代际共享住宅	首尔革新企划馆
	2-3	体验旅游激活城市民宿计划	文化观光设计本部
	2-4	闲置公共空间激活计划	住房政策室
	2-5	老年福利设施复合利用	福利健康室
	2-6	青年共享社区	住房政策室
人力	3-1	共享"真人图书馆"	首尔革新企划馆
	3-2	首尔企业赞助文化艺术活动	首尔文化财团
	3-3	共享婚礼	市民沟通企划官
时间	4-1	S-JOB共同招聘计划	经济振兴室
	4-2	团购幼儿园福利设施车辆	女性家庭政策室
信息	5-1	首尔共享WiFi计划	信息化企划团
	5-2	首尔照片银行	市民沟通企划官
	5-3	智能共享文化信息	信息化企划团

资料来源:《首尔共享城市推进计划》(공유도시 서울 추진계획),详细内容请见附录二。

于信任的互惠经济;其四,共享有助于解决因过度消费造成的环境问题,将资源提供给更多的人或者更需要的人使用,减少资源浪费[①]。

[①]　"The Sharing City Seoul" Project〔EB/OL〕.〔2020-05-16〕. http://english.seoul.go.kr/policy-information/key-policies/city-initiatives/1-sharing-city/.

韩国首尔建设共享城市的经验主要有四方面，一是将"共享"作为解决城市经济、社会和环境的创新手段；二是政府、市场、公众三位一体协调共建，其中，政府积极发挥了引导与法规制定的作用，企业与政府进行了紧密的合作并积极承担共享责任，公众积极参与资源共享等活动；三是构筑覆盖物品、空间、人力、时间、信息等各领域的城市共享经济及服务体系；四是通过多种措施推进共享文化建设，如举办社区邻里节、组建多类型的合作社组织、强化社会信用体系、激发社会服务共享的意愿等，培育并弘扬了互助、合作、诚信的共享文化[①]。

（2）荷兰阿姆斯特丹

2015年，社会组织shareNL发起了阿姆斯特丹共享城市项目，使阿姆斯特丹被评为欧洲首个"共享城市"。阿姆斯特丹是一座充满创造力、活力、企业家精神和开放文化的城市，根据shareNL的研究表明，超过84%的阿姆斯特丹居民愿意参与共享活动，体现着阿姆斯特丹较好的共享特质[②]。阿姆斯特丹还是非营利基金会——共享城市联盟（Sharing Cities Alliance）的总部所在地，该组织旨在通过全球城市之间的协作，分享共享城市建设经验，共同推进共享城市建设。阿姆斯特丹的共享城市建设主要体现在空间共享、共享交通、共享物品等方面。

阿姆斯特丹的共享空间包括住宿共享、停车场共享、办公室共享以及储藏空间共享，涉及的共享空间平台或企业有Airbnb、Booking.com、Mobypark、Djeepo、Couchsurfing、BeWelcome等，其中，Airbnb是最大的共享空间企业，拥有2万份房源。阿姆斯特丹快速的城市化及人口增长所造成的空间资源紧张

---

① 陶希东. 首尔共享城市建设的经验及启示［J］. 城市问题，2019（04）：96-103.

② Amsterdam Sharing City［EB/OL］.［2020-05-18］. https://www.iamsterdam. com/en/business/ news-and-insights/sharing-economy/amsterdam-sharing-city.

是共享空间发展的重要因素。

阿姆斯特丹的共享交通包括共享汽车、共享出租车及共享自行车。共享交通约占阿姆斯特丹居民每日总行程的3%，其中共享汽车约占1.17%，共享自行车约占0.83%，共享出租车约为1%。共享交通的便利性、灵活性以及缓解停车空间紧张是阿姆斯特丹发展共享出行的最大驱动力，据统计，共享汽车减少了阿姆斯特丹8000个停车位需求。

阿姆斯特丹的共享物品平台或企业包括Peerby、GearBooker、FLOOW2、BKSY等，但与阿姆斯特丹的共享空间与共享交通相比，共享物品发展尚不成熟。

阿姆斯特丹的共享城市建设离不开市政府的支持。2015年，阿姆斯特丹市政府发布《共享经济行动计划》，旨在鼓励有益于创新、社会包容、可持续发展以及具有企业家精神的共享活动，对发展共享经济、培育共享平台或企业以及推动共享城市建设具有重要意义[①]。

阿姆斯特丹建设共享城市的经验主要是两方面，一是政府、社会力量（包括社会组织、企业、研究机构等）以及公众的共同合作，增强了社会凝聚力；二是支持共享经济发展，培育创新型企业及共享平台，为市民提供更多的共享服务，促进城市资源的可持续和有效利用。

（3）意大利米兰

2014年，米兰民间团体、企业和研究机构等非政府组织共同发起了"共享世博"计划（Sharexpo），旨在2015年米兰世博会期间，通过共享经济应对预期2000万游客所造成的城市资源紧张。该计划得到了市议会的支持，并启动了政策咨询，制定了一系列共享经济指导方针。此外，米兰还成立一个共享咨询

---

① Urban Sharing Team. Urban Sharing in Amsterdan［R］. 2019.

小组，由市议会、交通、文化、体育、规划、就业等部门构成，共同确定和设计城市共享活动。

米兰推进共享城市有许多基础优势，在技术方面，米兰是欧洲网络设施最发达的城市，拥有600多个免费WiFi接入点；在交通方面，米兰的共享出行领域不断拓展，如共享电动汽车；在经济方面，米兰市议会鼓励企业家精神，特别是对青年企业家，提供多种工作便利，并将许多未充分利用的空间打造成共享办公空间，供企业使用；在人文方面，米兰已经建立许多共享项目，如参与性预算、食品政策的公开听证会、鼓励邻里之间合作与共享的"社交街"等[1]。据统计，米兰市已将超过2.2万平方米的闲置空间分配给协会、初创企业和市民，新建共享花园8座（面积3.4万平方米），打造24个共享社区（co-housing）；在共享交通领域，目前米兰4家共享汽车运营商的每天用户超过2000人，共享单车的每天用户达1万人，此外，还有共享小型摩托车供市民使用[2]。米兰也是欧洲共享城市项目的三个"灯塔城市"之一，旨在通过数字技术，尝试在城市中建立共享生态系统，使市民在以共享为导向的技术创新中受益[3]。

米兰共享城市的建设经验是将共享空间、共享创造力、共享交通、共享花园、共享技术等措施作为社会创新手段，以创造更多的社会和经济价值，并将经济发展、技术基础设施与城市人文因素相结合，促进市民参与以及社会包容。

（4）瑞典国家共享城市计划

瑞典国家共享城市计划（Sharing Cities Sweden）是瑞典为实现全球可持续

---

① BERNARDI M, DIAMANTINI D. Shaping the sharing city: An exploratory study on Seoul and Milan [J]. Journal of Cleaner Production，2018，203: 30–42.

② Milan's Sharing City Policy Strategy [EB/OL]. [2020–05–18]. https://wiki.p2pfoundation.net/Milan%27s_Sharing_City_Policy_Strategy.

③ SALVIA G, MORELLO E. Sharing cities and citizens sharing: Perceptions and practices in Milan [J]. Cities, 2020, 98:1–15.

发展目标而展开的行动事项"可持续城市"（Viable Cities）的重要组成部分，从2017年8月开始，一直持续到2020年12月，由政府、市场、社会组织和学术界共同参与完成，作为一项国家计划，四年内的预算额为1200万欧元。瑞典国家共享城市计划的目标是使瑞典成为一个城市与共享经济深度融合的国家，并在斯德哥尔摩、哥德堡、马尔默和于默奥创建世界先进的共享城市试验区，探索共享城市建设方案，成为国家共享城市建设的重要节点，以改善国际城市之间的合作，促进共享城市的经验交流。

四个城市的试验区将主要开展三项共享城市内容：一是共享空间，包括共享公共空间、共享绿色基础设施、共享住房等；二是共享物品，包括共享工具、共享服装、共享玩具、共享手工艺品等；三是共享交通与出行。试验区共享城市建设应体现创新性与多样性，并有助于降低能源消耗和气候影响，促进城市与社会可持续发展[1][2]。

在四个城市的试验区项目中，赛加公园项目（Sega Park）最具代表性。赛加公园项目位于瑞典南部的马尔默市，是世界上第一个将"共享"理念作为城市规划、建设、运营的重要原则的城市地区[3]，占地面积约25公顷，13个地产商参与建设，计划到2025年建造约1000套新房屋，其中公寓约700套。赛加公园地区原为一处医院，具有特色的公园环境，现状建筑大多数建于20世纪30年代。根据规划，赛加公园的未来功能包括住宅、企业办公、学校、商业、停车场、公园、会议场所等，绝大多数现状建筑将得以保存，并植入混合的功能，与新建筑共同创造新的城市生活。在公寓建筑中，居住空间会适当缩小，而共

---

① MCCORMICK K, LEIRE C. Sharing Cities: Exploring the Emerging Landscape of the Sharing Economy in Cities [M]. Lund: Lund University, 2019.
② Sharing Cities Sweden [EB/OL]. [2020-05-20]. https://www.sharingcities.se.
③ SHARING CITIES SWEDEN [EB/OL]. [2020-05-20]. http://www.sustainordic.com/portfolio/items/sharing-cities-sweden.

享空间则会增多，创造更多的社会附加值。在赛加公园，将大力发展共享经济与循环经济，以降低能源消耗，促进城市绿色与可持续发展。并且共享经济也意味着居民在拥有较少资源的同时又可以获取更多的资源，降低了居民的生活成本。社会可持续性是赛加公园项目的优先领域之一，旨在鼓励居民参与到共享城市建设并为城市作出贡献。该领域涉及的举措包括共享单位食堂、共享办公室、共享会议室、共享洗衣房、共享工具房、更多的实习与就业机会、为儿童与年轻人创造更多的学习机会等。此外，赛加公园项目鼓励政府、地产商、客户之间建立良好的工作对话，以推动共享城市建设朝着更公平合理的方向进行。赛加公园的子项目还包括共享数字平台、移动游泳池、太阳能电池板、雨水循环系统、废物回收系统、城市农业和绿色建筑等①。

瑞典建设共享城市的经验主要是三方面，一是专门建立共享城市试验区，全面探索、总结共享城市建设经验，并作为促进可持续发展的重要手段；二是注重将"共享"理念融入城市规划、设计、建设与运营各阶段，并使共享经济发挥重要作用，以降低能源消耗与居民生活成本；三是重视居民参与，通过共享空间，关心儿童与青年人，创造更多的学习与就业机会等措施，促进社会的可持续发展。

（5）欧盟共享城市项目②

欧盟共享城市项目由欧盟地平线2020研究与创新计划（European Union's Horizon 2020 research and innovation programme）资助，于2016年1月开始，历时60个月，涉及合作伙伴35个，分别来自英国、意大利、葡萄牙的城市、行业、非政府组织和学术团队。该项目已从欧盟获得了2400万欧元的资金，旨在触发5亿欧元的投资，并吸引欧洲一百多个城市参与。

① Malmöstad［EB/OL］.［2020-05-18］. https://malmo.se.
② Sharing Cities［EB/OL］.［2020-05-18］. http://www.sharingcities.eu.

英国伦敦、葡萄牙里斯本和意大利米兰是欧盟共享城市项目的"灯塔城市"（lighthouse cities），在三个城市的示范区（伦敦格林尼治区、米兰Porta Romana/Vettabbia、里斯本市中心）建立共享出行服务系统、能源管理系统、智能灯柱和城市共享平台，展现共享城市的新技术在改善城市交通，提高建筑物的能源效率和减少碳排放方面的有效性，以新的方式与社会互动促进公众共同参与生活环境的改善，创造更加活力、宜居、繁荣和资源高效的城市。此外，波尔多、布尔加斯和华沙三个"同伴城市"（fellow cities）积极与三个"灯塔城市"合作，引进三个城市的成功经验，共同制定适用于各城市的共享城市方案，这充分证明了共享城市在全球范围内具有很高的应用潜力。

欧盟共享城市项目有四个战略目标：

扩大规模（Scale）：证明设计合理的共享与智能方案可以集成在复杂的城市环境中，以发挥其真正的潜力，并可以扩大规模，并因此增加社会、经济和环境价值。

数字优先（Digital First）：探索并证明通过采用数字优先和数据驱动的方法来改善和"连接"现有基础设施，以及建设新的城市基础设施。项目希望推动创建一套新的数字服务系统，这将帮助公众在运输和能源效率方面做出更好的选择，如果扩大规模，这将增强城市实现出行、住房、能源效率、弹性、经济发展等关键目标的能力。

开放和加速市场（Open-up & Accelerate the Market）：商业、投资和治理模式对在欧洲及其他地区的城市中实现共享智慧城市方案都至关重要，因此要通过协作来开放和加速市场，增强市场可持续性。

促进社会共享与协作（Share & Collaborate for Society）：积极应对日益增长的公众参与需求，完善公众参与机制，通过社会协作和共同设计提高地方政府制定政策和提供服务的能力，促进市民、企业和游客的共赢。

图2-3　欧盟共享城市项目的核心措施
资料来源：改绘自欧盟共享城市项目网站（http://www.sharingcities.eu）。

欧盟共享城市项目有三项核心措施（图2-3）：

公众：加强与公众的互动，完善公众参与机制，共同创建更加美好的社区。共同设计（co-design）是一种"以人为本"的公众参与举措，以协同设计的方法进行城市建设与创新，可有效提高所有城市利益相关群体的参与度，促进经常分散且孤立的城市利益相关群体之间的交流，具有更大的社会价值。

空间：包括建筑改造、可持续能源管理系统、共享交通以及智能路灯等。

平台：开放共享的城市数据平台。

欧盟共享城市项目的重要经验是将数字技术作为最核心的手段，构建城市共享平台，整合、存储、处理来自各种设备和传感器的数据，并向城市和市民提供信息，从而更好地利用城市资源，降低城市运营成本。此外，共同设计作为一种重要的公众参与手段，促进了社会各利益相关者在共同改善城市环境中的交流与协作。

2.2.2.5 共享城市研究小结

纵观国内外学者研究以及国外共
享城市经验，共享城市建设主要涉及
十大领域（图2-4），即人人平等、共
享空间、共享交通、共享经济、共享
物品、共享信息、共享人力、数字技
术、社会协作、政策法规。

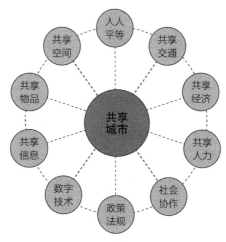

图2-4　共享城市建设十大领域

人人平等：坚持人人平等、促进
社会正义是共享城市的基本追求。任
何城市居民，无论性别、年龄、地
区、职业、宗教等，均平等公平地享有城市空间以及各类城市权利。尤其儿
童、老年人、残疾人等弱势群体更应成为共享城市建设的参与者及受益者。

共享空间：共享空间是共享城市的基础形态，也是共享城市建设的核心领
域。共享城市中的共享空间建设主要包含四个方面内容：一是提升城市公共空
间的共享水平，提高城市公共空间的可达性、开放性、连续性、参与性、多功
能性以及数字信息化，使城市居民更公平与便利地享受城市公共空间服务；二
是利用共享经济或者共享机制激活城市闲置空间，提高空间利用效率，如通过
"共享住宿"整合城市中闲散的住宿空间，通过"共享办公"整合闲置的工作
空间，通过"共享厂房"盘活低效的工业用地，通过"共享空间"挖潜城市公
共服务设施中的闲置空间等；三是建设承载市民共享资源与生活的共享空间，
如共享真人图书馆、共享工具屋、城市共享客厅、城市共享厨房、共享社区、
代际共享住宅等，重构社会信任体系，促进社会融合；四是加强城市公共空间
配套共享设施建设，在城市公共空间内布置共享雨伞、共享健身仓、共享充电
宝、共享唱吧等共享设施，助力城市美好生活。

共享交通：鼓励共享交通方式与工具，提倡绿色出行，降低城市碳排放，如发展共享单车、共享汽车、共享出租车、共享电动车、共享停车等。但需要指出的是，共享交通应加强管理，保障秩序规范，避免对城市或行人造成消极影响。

共享经济：创新共享经济模式，培育共享经济企业，丰富共享经济业态，促进城市共享经济全面发展。同时，应加强共享经济的监管与引导，保障共享经济健康可持续发展。

共享物品：建立城市级的闲置物品共享平台，促进市民的闲置物品在城市尺度的分享与流通，便利居民生活，减少资源浪费，并通过市民与陌生人分享物品资源，基于信任建立联系，逐渐改变"陌生人社会"现象。物品可包括书籍、玩具、食品、家电、衣物、电子产品、应急物品等。

共享信息：在保障个人与企业信息安全的基础上，建立城市级的共享信息系统与数据平台，促进信息在城市不同部门、不同领域、不同社群之间分享，提高信息资源利用效率。

共享人力：包括两方面内容，一是共享知识，通过共享机制，鼓励城市中各类人才、能人、专家、学者与其他市民分享知识与技能，使城市居民有更多机会获得新知识与新技能；二是共享员工，企业短期用工方式，通过共享机制，使劳动力按需分配，在不同企业之间临时流动，提高人力资源配置效率。

数字技术：发展数字与信息技术产业，使共享城市的运转更加智能；建设网络基础设施，如在城市范围内建立WiFi基站等。

社会协作：共商共建才能更好地实现共享共赢。共享城市建设应完善社会参与机制，积极调动社会各方面力量，以政府、企业、市民、社会团体间协商协作的方式建设城市，使城市发展成果惠及社会各方面，实现多方共赢。

政策法规：建立完善的共享城市政策法规体系，制定促进共享城市发展的主干政策法规，健全共享城市各领域（如共享空间、共享交通、共享经济、共享信息等）的配套政策法规。

2.2.3 共享社区研究

目前关于共享社区的研究主要集中在国外共享居住社区（co-housing）研究、中国共享居住社区探索、"开放街区"等三方面。

2.2.3.1 国外共享居住社区起源与概述

国外共享居住社区指的是"co-housing"的居住模式，其思想来源于空想社会主义的"乌托邦"[1]。（注：目前我国学术界对"co-housing"有多种译法，如共享居住社区、共享住宅、联合居住社区、共居社区等，本书统一采用"共享居住社区"译法。）

（1）北欧

1964年，丹麦建筑师扬·古兹曼霍耶（Jan Gudmand-Høyer）最早提出"共享居住社区"模型，包括私人住宅及共享设施与空间两部分，旨在创建一个互助、共享、鼓励交往的居住环境[2]，并于1968年发表了一篇最早蕴含"共享居住社区"理念的文章《乌托邦与过时独户住宅的缺环》（*The Missing Link between Utopia and the Dated One-Family House*）[3]。由于当时丹麦许多工薪阶层存在着工作、家庭、社交、孤立等社会问题，期盼着牢固的社交网络及安定的社区氛围，故而共享居住社区成为当时工薪阶层的新选择[4]。1973年，丹麦最早的两个共享居住社区建成，分别命名为Saettedammen和Skraplanet，随后逐渐从第一

① DORIT F. American Co-housing: The First Five Years ［J］. Journal of Architectural and Planning Research, 2000（2）: 94–109.

② CHRISLIAN D L. Creating a Life Together Practical Tools to Grow Ecovillages or Intentional Communities ［M］. Gabriola Island: New Society Publishers, 2003.

③ VESTBRO D U. Collective Housing to Cohousing–A Summary of Research ［J］ The Journal of Architecture and Planning Research, 2000（2）: 164–178.

④ MELTZER G. Sustainable Community: Learning from the co-housing model ［M］. Bloomington: Trafford Publishing, 2005.

代更新到第四代（表2-9），至今已覆盖丹麦约1%的人口[1]。20世纪70年代，类似丹麦共享居住社区的居住模式开始在荷兰和瑞典出现[2]。

丹麦四代共享居住社区（co-housing）方案对比　　　表2-9

		第一代	第二代	第三代	第四代
规划布局		低密度	集中紧凑	集中紧凑	邻里街区式
私人单元		约1500平方英尺	约1000平方英尺	750～800平方英尺	—
共享空间		建筑之间开敞区域	广场、街道、市场	玻璃覆盖的街道和庭院	街区级广场、公园、湖面等及各组团公共中心
共享屋	类型	公共厨房、餐厅、洗衣房等	公共厨房、餐厅、洗衣房等	公共厨房、餐厅、洗衣房等以及摄影室、音乐室等	更加多元丰富，包括商业贸易服务等
	面积	约1500平方英尺	约5000平方英尺	约10000平方英尺	—
	分布	分散布置在组团中央	社区中央，与住宅联系更加紧密	不同楼层立体化布置	沿街道广场布置及各组团中心
典型代表		Skraplanet	Tinggarden	Jernstoberiet	Egebjerggard
平面图					

资料来源：孙立. 基于共享理念的社区微更新路径研究——以北京地瓜社区为例 [C] // 中国城市规划学会、东莞市人民政府. 持续发展 理性规划——2017 中国城市规划年会论文集（20 住房建设规划）. 中国城市规划学会、东莞市人民政府：中国城市规划学会，2017：99-113.

　　关于北欧的共享居住社区建设的意义，Anne Kopp Hyman（2005）认为是

① BUNKER S, COATES C, FIELD M, et al. Co-housing in Britain today [M]. London: Diggers and Dreamers Publications，2011.

② HAYDEN D. Seven American utopias: The architecture of communitarian socialism 1970–1975 [M]. Cambridge: The MIT Press，1979.

一种营造邻里社区感的创新策略①；Karen A. Franck（1989）认为共享居住社区
与新城市主义理论相结合，通过创造互助、共享的社交网络使社区更具可持续
性②；Jo Williams（2005）认为共享居住社区的住户不仅可以共享社区资源，带
来积极的环境效益，而且可以减轻居民生活负担，关照弱势群体，提升人文效
益③。此外，关于北欧共享居住社区的设计特征，Clare Cooper Marcus（2000）
分析丹麦四代共享居住社区的演变趋势，认为私人单元面积的逐渐减少以及共
享空间面积与类型的增加是其重要特征④⑤。

（2）美国

理论层面，美国关于"共享居住社区"的研究主要涉及两部著作，其
中最早的著作是由Kathryn McCamant和Charles Durrett于1988年出版的《合
作居住：一种当代自建住房方式》（*Co-housing: A Contemporary Approach to
Housing Ourselves*），作者考察北欧案例并总结共同特点，包括共享设施、邻
里设计、居民参与、居民自我管理等方面⑥，自此，共享居住社区模式开始在
北美广泛传播。2004年，美国Chris Scotthanson和Kelly Scotthanson出版《合作居
住手册：建造一个社区场所》（*The Co-housing Handbook: Building a Place for
Community*）一书，书中归纳前人的理论和实践经验，总结出共享居住社区的

① HYMAN A K. Architects of the Sunset Years: Creating Tomorrow's Sunrise［M］. San Luis Obispo: Central Coast Press，2005.
② FRANCK K A. New Households, New Housing［M］. London: Van Nostrand Reinhold，1989.
③ WILLIAMS J. Designing Neighborhoods for Social Interaction: The Case of Co-housing［J］. Journal of Urban Design. 2005，10（2）：195-227.
④ MARCUS C C. Site planning building design and a sense of community: An analysis of six co-housing schemes in Denmark，Sweden，and the Netherlands［J］. Journal of architectural and planning research，2000，17（2）：146-163.
⑤ 孙立. 基于共享理念的社区微更新路径研究——以北京地瓜社区为例［G］//中国城市规划学会、东莞市人民政府. 持续发展 理性规划——2017中国城市规划年会论文集（20住房建设规划）. 中国城市规划学会，2017：99-113.
⑥ MCCAMANT K，DURRETT C. Cohousing: A Contemporary Approachto Housing Ourselves［M］. Berkeley: Habitat Press，1988.

主要建设特征，包括参与营造过程、为邻里而设计、众多的共享公共设施、完全自主管理、适宜的社区规模、人车分离、共享晚餐、无等级机构、独立的收入来源等①（表2-10）。该书内容更具实践意义，成为国际上研究共享居住社区的重要著作。

美国共享居住社区的主要特征   表2-10

主要特征		内容
participatory process	参与营造过程	社区居民参与社区营造与建设，使得社区能够真正满足居民的不同需求
intentional neighborhood design	为邻里而设计	充足的邻里友好空间，促进居民交流，培养相互了解与信任
extensive common facilities	众多的共享公共设施	包括共享洗衣房、厨房、餐厅、工作坊、文化活动室等，增加居民见面交流的机会
complete resident management	完全自主管理	人人都可参与社区的管理事务，有对公共事务的决策权
optimum community size	适宜的社区规模	规模以12～36户为宜，方便管理，居民之间更容易相互了解和建立邻里关系
purposeful separation of the car	人车分离	在社区边缘解决停车问题，社区中给予足够的步行空间，保证安全，增进交往
shared evening meals	共享晚餐	重要特征，定期举办公共聚餐活动，通过分享美食增进居民之间的相互了解，共度美好的邻里时光
non-hierarchal structure	无等级机构	居民在决策中争取取得共识，而并不是简单的投票决定
separate income sources	独立的收入来源	财产并不共享，经济和收入问题居民自理，居民自愿无报酬地参与社区活动，是与空想社会主义最大的差异

资料来源：孙立. 基于共享理念的社区微更新路径研究——以北京地瓜社区为例［G］// 中国城市规划学会、东莞市人民政府. 持续发展 理性规划——2017 中国城市规划年会论文集（20 住房建设规划）. 中国城市规划学会，2017：99-113.

① SCOTTHANSON C, SCOTTHANSON K. The Co-housing Handbook: Building a place for community ［M］. Rev. ed. Gabriola Island: New Scociety Publishers，2004.

实践层面，1991年，美国第一个共享居住社区Muir commons在戴维斯市（Davis）建成，弗瑞德·A. 斯迪特（2008）总结其建设特点是居民参与社区设计及建设过程，并相互了解及熟悉社区环境[①]。此外，有学者对美国的相关实践案例进行研究，Raines Cohen（2005）认为美国的共享居住社区项目在开发与管理、环境保护、传播途径等方面均有所创新[②]，布莱恩·贝尔（2007）强调指出，建筑师或规划师在共享居住社区建设过程中，不仅要从事规划设计工作，而且要参与社区组织和社会交际，促进居民参与进程[③]。

（3）日本

近年来，由于单身家庭的不断增加，日本共享社区与住宅激增。日本学者镜壮太郎（2016）认为，共享社区与住宅不仅可以降低居民经济压力，而且可以增加居民之间的相互交流及社区的团结意识[④]；筱原聪子（2016）通过调研分析认为，期待良好的邻里关系以及更多的社区活动是日本居民选择共享社区与住宅的重要因素，并且共享住宅的出现可以激活城市存量空间，带来经济及社会效益[⑤][⑥]。

（4）其他国家

英国共享居住社区于20世纪90年代末期兴起，规模从10户到40户不等，大

① 斯迪特. 生态设计：建筑·景观·室内·区域可持续设计与规划 [M]. 汪芳，吴冬青，廉华，等译. 北京：中国建筑工业出版社，2008.
② COHEN R, MORRIS B. The Face of Cohousing in 2005: Growing, Green, and Silver [J]. Best of Communities. 2005，12：24-29.
③ 贝尔. 完美建筑·美好社区 [M]. 沈实现，江天远，南楠，译. 北京：中国电力出版社，2007.
④ 镜壮太郎，韩孟臻，官菁菁. 关于共享的各种形态及相关背景原因的考察 [J]. 城市建筑，2016（04）：24-27.
⑤ 筱原聪子，姜涌. 日本居住方式的过去与未来——从共享住宅看生活方式的新选择 [J]. 城市设计，2016（03）：36-47.
⑥ 筱原聪子，王也，许懋彦. 共享住宅——摆脱孤立的居住方式 [J]. 城市建筑，2016（04）：20-23.

多数是混合型社区，并且有些社区针对50岁以上的老年人①。英国共享居住社区中，最具代表性的是集生态、可负担、共享居住为一体的LILAC社区，英国学者Paul Chatterton（2013）对其进行了研究，认为其建设原则是居民自治、民主协商、共享设施等②。1991年，澳大利亚建成第一个共享社区，但相关研究及实践发展缓慢。2000年以后，韩国学术界逐渐关注并研究了欧美的实践案例，但仅停留在理论阶段，还未展开相关实践。

（5）国外共享居住社区研究小结

梳理国外文献，国外共享居住社区的兴起主要根源于当时社会发展不平衡、不协调的现象。国外学者普遍认为，将共享理念与社区建设结合进而营造共享居住社区可以降低居民生活压力、增加社区团结意识、营造社区温馨氛围，成为解决国外社会问题的创新手段。在共享居住社区实践方面，共享空间及设施、居民参与、社区共享活动等成为重要的建设特征。目前，共享居住社区已在越来越多的国家落地生根，成为全球社区发展趋势之一（表2-11）。

国外共享居住社区发展及研究历程 表2-11

时间（年）	国家	事件
1516	英国	托马斯·莫尔著作《乌托邦》成为最初"共享居住社区"灵感来源
1964	丹麦	扬·古兹曼霍耶最早提出"共享居住社区"模型
1968	丹麦	建筑师扬·古兹曼霍耶发表了一篇最早蕴含"共享居住社区"理念的文章《乌托邦与过时独户住宅的缺环》，使当时社会深受启发
1973	丹麦	建成最早的两个共享居住社区（丹麦语：bofaellesskaber）——Saettedammen与Skraplanet

① Cohousing in the UK [EB/OL]. [2020-05-20]. http://www.cohousing.org.uk/.
② CHATTERTON P. Towards an Agenda for Post-carbon Cities: Lessons from Lilac, the UK's First Ecological, Affordable Cohousing Community [J]. International Journal of Urban and Regional Research, 2013, 37 (5): 1654-1674.

时间（年）	国家	事件
1977	荷兰	共享居住社区（荷兰语：Centraal Wonen）开启建设
1979	瑞典	建成第一个共享居住社区（瑞典语：Kollektivhus）——Stacken
1988	美国	McCamant和Durrett出版《合作居住：一种当代自建住房方式》，将共享居住社区理念引入美国
1991	美国	在Davis建成第一个共享居住社区——Muir commons
1991	澳大利亚	建成第一个将公租房与自住房结合的共享居住社区——Pinakarri
1996	加拿大	建成第一个共享居住社区——Windsong
2000	日本	建成第一个共享居住社区，相应研究随即展开
2000	韩国	韩国学术界开始关注西方共享居住社区模式
2004	美国	Chris Scotthanson和Kelly Scotthanson出版《合作居住手册：建造一个社区场所》，书中归纳前人的理论和实践经验，总结出共享居住社区的主要建设特征，成为研究共享居住社区的代表性著作
2008	新西兰	正式建成第一个共享居住社区——Earthsong Eco-Neighbourhood
2013	英国	建成第一个生态、可负担的共享居住社区——LILAC

2.2.3.2　国外共享居住社区实例与建设特征研究

从丹麦1972年建成第一座共享居住社区后，共享居住概念逐渐向全球蔓延并落地生根，除在欧美国家快速发展以外，在澳大利亚、新西兰、日本等地也越来越受欢迎。本书选取丹麦、英国、美国、日本、新西兰五个国家的代表案例阐述具体建设细节，总结共同特征。五个案例分别位于欧洲、美洲、亚洲与大洋洲，建成时间跨度从1972年至2015年，代表着不同地域与不同阶段的共享居住社区建设情况。

（1）丹麦塞特丹门研究

塞特丹门（Saettedammen）是世界上第一座共享居住社区，发起于1969年，建成于1972年，位于丹麦第三大城市希勒勒（Hillerød）南郊，建筑设计师为Theo Bjerg与Palle Dyrebord。塞特丹门总计27套住宅，空间布局为两排建

图2-5 丹麦塞特丹门平面图
资料来源：根据Google地图改绘。

筑围绕公共绿地的院落形态，建筑采用模块化设计建造，并可根据居民需要移动内墙，机动车道与停车场位于外围，保障了居民在中心绿地活动休闲的安全性（图2-5）。

塞特丹门有两项最具开创性的做法：一是将包括共享厨房、餐厅、共享洗衣房、娱乐室、儿童游戏室等功能的共享屋（Common House）作为社区的"生活中心"；二是互动互助、资源共享但又尊重个人自主权及财产的生活方式，社区经常举办各种类型的共同活动，如圣诞节派对、新年派对、夏季派对、音乐会等，其中共享美食是最重要的活动内容，社区每周要聚餐两至三次，而且每个家庭每个月必须在共享屋进行一次烹饪以及相关清洁工作，这种方式有助于培育社区共同体意识[①②]。

此外，塞特丹门的运营模式为居民主导型，在整个开发与建设过程中，居民从买地到项目选址再到地块设计，以及社区的更新、环境的维护等方面均扮演了主角[③]。

（2）美国山景城共享居住社区研究[④]

山景城共享居住社区（Mountain View Cohousing Community）建成于2015年，占地面积3642平方米，位于美国加利福尼亚州山景城卡尔德隆大街（Calderon Avenue）445号，步行即可达城市中心区域，该项目是由社区成员与美国著名建筑师Charles Durrett（他与Kathryn McCamant在20世纪80年代首次将共享社区概念从丹麦引入美国）通过研讨会共同设计完成。山景城共享居住社区共19套公寓，面积从120平方米到194平方米不等，社区共享设施面积557平方米，其中共享屋372平方米，功能包括共享厨房、宴会厅、共享洗衣房、休息室、多媒体室、健身房、工艺品室、办公室、邮寄设施、屋顶阳台等，室外共享空间包括共享花园、菜圃、果树与遮荫树、草地、温室、盆栽棚、户外露台、生物沼泽池等。社区停车场位于地下以释放更多的地上共享空间，地下停车场总计41个停车位并配有电动汽车充电站、仓库以及与地上各楼层相连的电梯。社区用地内原有一座始建于1898年的农舍，已改造成会客厅、共享图书馆及两间客房，供临时访客使用（图2-6）。社区与建筑按照绿色、节能、生态、环境友好的原则的进行建设，配置有雨水收集设施、循环与堆肥设施、太阳能热水器、被动式太阳能设计等，此外，社区属"无烟社区"，社区各处均禁止

---

① FOGELE B. Socio-technical transitions: a case study of co-housing in London［D］London: King's College，2016.

② AHN J, TUSINSKI O, TREGER C. LIVING CLOSER: The many faces of co-housing［M］. London: Studio Weave，2018.

③ 吉倩妘，杨阳，吴晓. 国外联合居住社区的特征及其启示［J］. 规划师，2019，35（08）：66-71.

④ Mountain View Cohousing Community［EB/OL］.［2020-05-20］. http://mountainviewcohousing.org/.

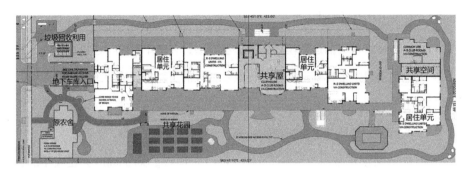

图2-6　山景城共享居住社区平面图
资料来源：改绘自Mountain View Cohousing Community［EB/OL］.［2020-05-20］. http://
mountainviewcohousing.org/.

吸烟，包括室内外所有公共和私人区域。

　　作为一个典型的共享居住社区，山景城共享居住社区由全体居民通过协商
进行社区自治，并共同建立了社区核心价值观（Core Values）：

　　①参与并支持社区工作（Participate in and support community）

　　分享食物、创造力、游戏、乐趣和笑声。

　　平衡社区和个人隐私。

　　尊重彼此的个人选择和对活动、休息与安静的需求。

　　创造一个美丽的、有吸引力的、安全的居住环境。

　　鼓励积极参与社区、我们周围的社区和其他地方。

　　良好的沟通技巧：听明白、坦率而诚实地交流、保持开放的思想、考虑他
人的兴趣和感受。

　　努力做到真诚、好客和慷慨。

　　②共担责任和共同管理（Share responsibility and governance）

　　保持社区决策的公开性和透明度。

　　通过协商做出一致决定，给予每个家庭平等的发言权，利用每个人的知识
和优势。

承担责任，信守承诺。

体贴、耐心以及愿意做出妥协。

考虑社区的需求，接受我们可能未曾预见或提倡的决定。

③环保生活（Live an environmentally conscious life）

互相支持，减少我们对地球的影响。

重复利用、循环利用、共享资源、减少浪费、节约能源和材料。

生产食品和使用清洁能源。

④促进健康、成长和个人价值（Promote health，growth，and individual worth）

通过互帮互助的文化，培育我们在社区中良好的养老能力。

我们要对自己的医疗保健和个人护理需求负责。

认可并尊重彼此思考和贡献的独特方式。

尽管意见不同，仍然保持积极的邻里关系；相信别人的意图是好的。

尊重彼此在年龄、背景、宗教、政治、技能、兴趣、体能、经济环境、种族等方面的差异。

鼓励和探索各种传统的庆祝活动。

对个人成长的过程保持开放的心态。

培养终生学习和专注力。活在当下，对生活充满好奇。

（3）英国LILAC研究[①]

LILAC全称是"低影响可负担居住社区"（Low Impact Living Affordable Community），位于英国利兹市（Leeds）西部的维多利亚公园大街（Victoria Park Ave），是英国第一个生态、可负担的共享居住社区项目。建成于2013年3月，总占地面积7700平方米，总建筑面积1676平方米，由20户住宅及1个共享

---

① LILAC Low Impact Living Affordable Community［EB/OL］.［2020-05-20］. http://www.lilac.coop/.

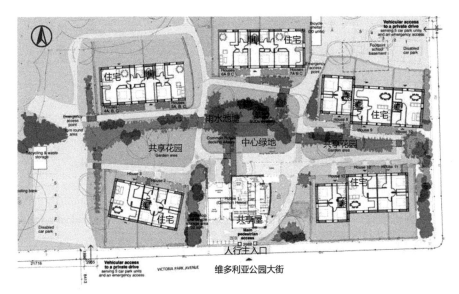

图2-7 英国LILAC平面图
资料来源：改绘自LILAC Low Impact Living Affordable Community ［EB/OL］. ［2020-05-20］. http://www.lilac.coop/.

屋构成（图2-7）。住宅一共4种户型，48平方米的一居室6户，71平方米的二居室6户，90平方米的三居室6户，111平方米的四居室2户。共享屋是社区的中枢，位于社区入口的主要位置，建筑面积200平方米，提供一站式的共享服务，包括共享厨房、共享洗衣房、工作室、多功能厅、餐厅、食品储藏室、邮政设施等功能，是居民日常社交、聚餐、管理的场所（图2-8）。居民通过在共享房屋内组织互助共享的日常活动，可有效降低生活成本并维系社区情感。例如居民会定期储存或批量购买食物，以降低食品开支，并经常举办社区聚餐活动，共享美好的邻里生活。住宅与共享屋环绕着一处中心绿地，中心绿地内布置有一个用于收集雨水的雨水池塘，作为社区可持续排水计划的一部分。社区的三分之一用地为共享花园，居民可使用共享花园种植食物以减少生态足迹，并提供动物栖息环境，保障生物多样性。

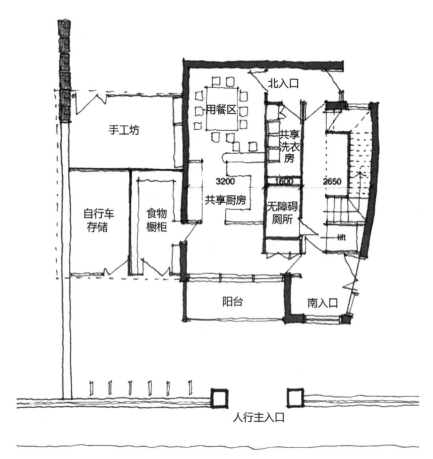

图2-8 英国LILAC共享屋建筑设计平面图
资料来源：改绘自LILAC Low Impact Living Affordable Community [EB/OL]. [2020-05-20].
http://www.lilac.coop/.

社区的汽车空间被限制，以保障儿童与老年人的活动安全，此外，为更好地鼓励居民使用绿色交通，减少碳排放，居民签署了相关汽车限制协议并承诺遵守。LILAC有十大价值准则，分别是环境可持续（Environmental sustainability）、草根（Grass-roots）、尊重（Respect）、包容与可负担（Inclusive & Affordable）、创新与资源共享（Inspiration & Resource for others）、多样性

（Diverse）、自力更生（Self-reliance）、学习（Learning）、安全与健康（Safe & Healthy）、联系（Connected）。

作为典型的共享居住社区，LILAC的核心设计是由社区居民商议完成的。为了使居民更加方便、清晰、充分地研讨设计方案，设计团队——White Design建筑事务所采用了一种叫作"棋盘互动游戏"的创新方法，将"棋盘"比作社区基地，上面有花园、建筑、停车场等空间元素，居民可利用这种工具充分表达自己的设计观点，经过对不同空间布局的方案进行研讨确定最终方案。通过这种有条理的研讨会方式，设计团队可以充分了解居民的需求及整体的设计偏好，并促进社区以方案设计为基础进行集思广益，逐渐凝聚起社区共识。

为了确保居民长久的可负担能力，LILAC创建了一种新的产权共享模式，LILAC的房屋与土地均由"房屋产权共享协会"（Mutual Home Ownership Society）管理，每位居民需将其收入的35%支付给协会，每个家庭都需承担房屋建设的成本，以获得房屋的租赁权。协会将根据居民的收入及房屋规模分配协会的股份，并通过完善的管理与运作，保障住房的可负担性。

LILAC另一个显著特征是低影响开发与绿色建造方式，包括建筑材料、可再生能源、水、空间设计与共享生活等方面。建筑材料采用本土、天然的稻草、木材、石灰等，稻草具有较好的保温性能，结合气密结构、三层玻璃和热回收机械通风系统（MVHR），能将能源和二氧化碳排放量降至最低，据估算，与英国普通房屋相比，LILAC能源消耗最多减少了三分之二，此外，使用本土天然材料能降低与生产、运输和储存相关的成本，并可以促进社区参与，这也成功地将建设成本比常规建设成本降低了18%；可再生能源方面，LILAC采用了被动式太阳能设计、光伏板、MVHR等；在水方面，LILAC加强了雨水收集与灰水利用；在空间设计方面，场地促进了骑行与步行，降低汽车使用率；在共享生活方面，社区倡导资源共享的生活方式，包括汽车共享、设备与工具共享、食物共享等，并为老年人、儿童等弱势群体提供人文关怀，这种共享的生活方式，减少了资源消耗，有助于社区的可持续发展。

（4）日本LT城西共享住宅研究[①][②]

LT城西（LT Josai）共享住宅（Share House）建成于2013年，位于日本爱知县名古屋市西区，设计师为成濑友梨与猪熊纯。LT城西共享住宅总占地面积629.06平方米，总建筑面积321.59平方米，建筑高度31米，私人卧室总计13间，虽然每间私人卧室只有12平方米，但整套住宅的共享空间面积达103平方米，以鼓励居民以不同的方式交流与互动，也使得建筑空间的利用更加高效（图2-9）。共享空间与设施功能多样，包括厨房、餐厅、客厅（2间）、淋浴（2间）、卫生间（3间）、冰柜（2台）、洗衣机（2台）、电视（1台）、阳台（2个）等。建筑场地内还包括花园约200平方米、自行车存放区、摩托车存放区以及机动车停车场。

LT城西共享住宅的设计理念是将私人空间与共享空间在三维上相互融合穿插（图2-10），每层均有尺度相同的4～5间私人卧室与不同类型的共享空间进行组合，一层布置共享厨房、餐厅与公共厕所，二层布置共享客厅，三层布置阳台等，通过这种方式，居民可以更轻松地将共享空间用作私人空间的扩展，也方便了居民之间建立联系，并塑造了丰富的生活场景。

（5）新西兰地球之歌生态社区研究[③]

地球之歌生态社区（Earthsong Eco-Neighbourhood）建成于2008年，占地1.29公顷，是新西兰第一座共享居住社区（图2-11），位于新西兰第一大城市奥克兰西郊小镇兰努伊（Ranui）。

---

① シェアハウスという暮らし方 [EB/OL]. [2020-05-22]. https://house.muji.com/life/clmn/sumai/sumai_140218/.
② LT城西 [EB/OL]. [2020-05-22]. https://lt-josai.com/.
③ Earthsong Eco Neighbourhood [EB/OL]. [2020-05-22]. https://www.earthsong.org.nz.

（a）一层平面图　　　　　　　　　　　（b）二层平面图

（c）三层平面图　　　　　　　　　　　（d）A-A'剖面图

图2-9　日本LT城西共享住宅各层平面图及剖面图
资料来源：シェアハウスという暮らし方［EB/OL］.［2020-05-22］. https://house.muji.com/life/clmn/
sumai/sumai_140218/.

私人空间　　　　　　　　　　融合　　　　　　　　　　共享空间

图2-10　日本LT城西共享住宅设计理念
资料来源：シェアハウスという暮らし方［EB/OL］.［2020-05-22］. https://house.muji.com/life/clmn/
sumai/sumai_140218/.

图2-11 地球之歌生态社区卫星航拍图（2020年）
资料来源：根据Google地图改绘。

地球之歌生态社区的选址充分考虑了周边公共服务设施服务范围与公共交通条件，使居民可步行或骑行到达商店、医院、图书馆、活动中心、公交车站、兰努伊火车站等城市服务设施，以减少居民私家车的使用。

社区共计32套住宅，户型从一居室到四居室，建筑面积从56平方米到122平方米不等，能为多样化的人群提供舒适的居住环境。两层的联排住宅设有2~4间卧室，一层布置开放式起居室、餐厅、厨房、阳台以及私人花园，二层布置卧室、浴室和阁楼区。较大的房屋在一层还有额外的卧室，通常用作书房或扩大居住面积。单层住宅设有1~2间卧室，适合老年人及行动不便的人，布置有开放式起居室、餐厅、厨房、浴室以及额外的小卧室。此外，像联排住宅一样，每户单层住宅均有私人的花园区域。

共享屋是社区的"生活中心"，是深受全体居民喜爱的共享生活场所，建筑面积340平方米，包括大型餐厅、会议室、客厅、共享厨房、儿童和青少年互动室、客房以及共享洗衣房。大型餐厅作为主厅，采用较好的隔声材料，即使60人坐下来吃饭，也能提供非常舒适的声学环境；厨房宽敞而明亮，能容纳4~5名厨师一起操作，可以为多达100人做饭；巨大的门窗排列在北墙上，让阳光倾泻到彩色的混凝土地板上，塑造了温馨的家庭氛围。

社区交通组织采用人车分流，机动车停车场位于场地边缘，场地内部为网络蜿蜒的人行道和公共绿地，保障了儿童及老人安全游乐的空间，塑造了宽敞而宁静的氛围。据估算，人车分流的设计使得社区71%的土地成为开放空间（不包括道路和停车场），而周边其他的社区只有55%。此外，社区建筑物和道路的设计充分尊重现状地形，以最大程度地减少挖掘或其他土方工程。

社区的规划设计由社区居民与建筑师Bill Algie密切合作完成，在设计过程开始之前，居民们制定了一份全面的设计概要，列出了在风格、材料、住宅和空间布局方面的目标。随着设计和施工阶段的进行，一些设计细节也发生变化，并不断地证明了设计概要的价值。社区空间设计鼓励社区意识，同时也保护隐私，在私人空间和公共空间之间有许多过渡。所有的住宅都有面向社区的一面，前门开在社区小路上，厨房可以俯瞰社区空间，同时还有更私密的一面通向私人庭院，这样居民可以随时选择他们所需要的邻里互动或者独处。

地球之歌生态社区另一个显著特征是生态与可持续设计，表现在绿色建筑、雨水利用、生活垃圾处理等方面，建筑采用简约本土型自然材料以及可再生能源系统，场地内布置雨水收集箱、浅草沟、池塘、生活垃圾分类收集与堆肥设施，居民最大程度地利用雨水与生活垃圾，以共建共享绿色生活的方式为社区的可持续发展贡献力量。2001年，地球之歌生态社区获得新西兰建筑研究协会的绿色住宅"优秀"评级。

（6）小结

通过上述的案例研究，不同的共享居住社区虽所处地域及建成年代不同，但仍可呈现一些相同的建设特征，如众多的共享空间、居民参与设计、人车分流、停车空间边缘化、私人空间与共享空间的平衡与过渡、生态与可持续等。其中以共享屋为代表的共享空间往往是共享居住社区规划建设的核心议题，并且处于社区空间结构中的重要位置，空间可达性亦较高。

共享屋类似于社区的"共享客厅"，是鼓励全体居民共享社区生活的场所，对凝聚社区情感以及保持社区活力具有积极的意义。在共享屋内共享晚餐是国外共享居住社区最典型的集体活动，是培养邻里亲切感的绝佳机会，不仅可以节约食物以减轻居民生活成本，更有助于形成温馨的社区"大家庭"氛围，除聚餐外，居民还可在共享屋内会客、洗衣服、收发快递、社区协商、举行节日派对、分享资源、照看儿童与课后辅导等。

Fromm Dorit曾对美国的24座共享居住社区做过调查，数据显示，共享屋平均面积达3500平方英尺（约325平方米），最小的约1000平方英尺（约93平方米），最大的约7000平方英尺（约650平方米）；社区在共享屋内平均聚餐次数为每周三次，最多的社区达五次，高达97%的受访居民表示曾在共享屋参加过聚餐活动[①]。

根据共享居住社区领域著名学者Chris Scotthanson 和 Kelly Scotthanson的研究，共享屋的基本功能按优先顺序排列分别是：餐厅与聚会空间、共享厨房、儿童游乐区以及邮寄设施；共享屋的扩展功能按优先顺序排列分别是成人休息区、客房、共享洗衣房、存储空间、作坊与手工艺空间、青少年活动室、社区办公空间、浴室、健身室以及音乐室[②]。

在空间分配方面，国外共享居住社区通常做法是将私人居住单元面积适当

---

① DORIT F.American Co-housing: The First Five Years ［J］. Journal of Architectural and Planning Research, 2000（2）: 94–109.
② SCOTTHANSON C,SCOTTHANSON K.The Co-housing Handbook: Building a place for community ［M］. Rev.ed. Gabriola Island: New Scociety Publishers,2004.

缩小，以换取更大的共享屋的面积，这样有助于形成更紧密的社区生活结构。此外，室内外空间的穿插与呼应、全龄化、声环境、空间美学、室内照明、建筑入口空间等是共享屋的建筑设计的重要考虑因素。

图2-12、图2-13展示了一个典型的共享屋设计，位于加拿大的贝尔特拉

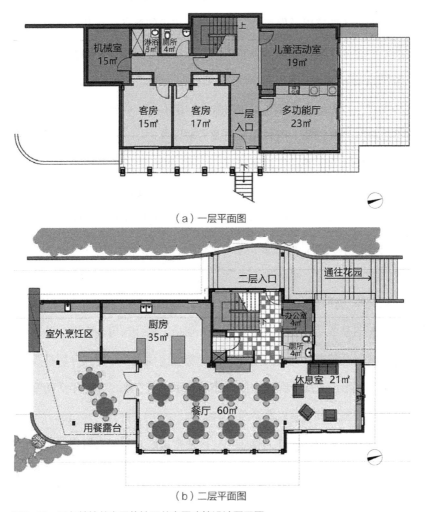

（a）一层平面图

（b）二层平面图

图2-12 贝尔特拉共享居住社区共享屋建筑设计平面图
资料来源：改绘自Belterra Cohousing［EB/OL］.［2020-05-22］. http://www.belterracohousing.ca/.

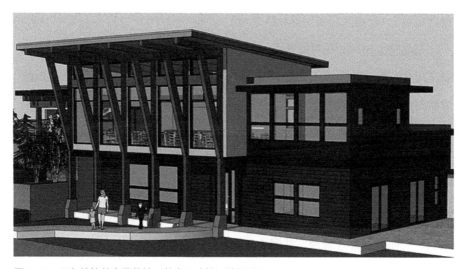

图2-13　贝尔特拉共享居住社区共享屋建筑设计效果图
资料来源：Belterra Cohousing [EB/OL]. [2020-05-22]. http://www.belterracohousing.ca/.

共享居住社区（Belterra Cohousing），总面积3500平方英尺（约325平方米），是常见的共享屋建筑规模。与其他社区的共享屋相似，宽敞且设施齐全的厨房与餐厅作为主体空间，与厨房毗邻的是一间舒适的休息室，设有壁炉、书架和休闲设施，楼下的设计考虑了多种用途，包括多功能室、客房、儿童活动室、淋浴室等。此外，该共享屋考虑了室内外共享空间的呼应与渗透，二层的主入口平台通往花园，室内厨房和餐厅与室外的烹饪区和用餐露台相连，用餐露台南侧是一处社区广场，广场、露台、室内空间形成了逐渐过渡并相互呼应的空间序列，加强了室内外共享空间的联系，丰富了空间体验。

2.2.3.3　西方共享居住社区对我国社区的启示

王晶（2016）提出，西方"共享居住社区"模式具有降低社会成本、促进社会融合、推动城市更新的意义，"共享居住社区"模式在社区营造的实践路径包括三个层面，在家庭单元层面鼓励共享居住、在居住组团层面植入"共享公共房屋"、在社区层面引导社区参与①。

窦瑞琪（2018）在对加拿大、日本两国共享居住社区研究的基础上提出，共享居住社区的管理模式、决策机制对引导居民参与社区治理具有参考价值。农耕与居住结合、注重邻里交往的加拿大模式可为我国新农村建设开拓思路，改造旧建筑、以租赁方式运营的日本模式可为我国城市推广租赁住宅、发展街区制社区提供经验借鉴②。

吉倩妘（2019）在总结西方共享居住社区的基础上，提出我国共享社区的建设应具备以下三个基本条件：共同参与的社区意识（包括共同建构运营机制、共同参与社区管理、共同治理社区问题）、共同享有的资源（信息、技术、知识等）与空间、互惠共生的邻里关系③。

2.2.3.4　中国共享居住社区探索

常铭玮、袁大昌（2017）提出，我国共享居住模式应重构私密性与公共性，组织私密空间与共享空间，并通过互联网合理配置功能④。

杨心蔚、陈云霞（2018）对共享社区案例——深圳集悦城进行了解析，其主要的特征是私密空间与共享空间的互补，共享空间包括共享厨房、共享洗衣房、共享娱乐室、共享书房等公共设施，此外在共享空间基础上还开展了丰富的社区活动⑤。

① 王晶. 共享居住社区：国际经验及对中国社区营造的启示［G］//中国城市规划学会，沈阳市人民政府. 规划60年：成就与挑战——2016中国城市规划年会论文集（17住房建设规划）. 中国城市规划学会，2016：11.

② 窦瑞琪. 加拿大与日本共居社区的模式比较与经验借鉴——基于体制构建、空间组织、运营管理之特征［J］. 城市规划，2018，42（11）：111-123.

③ 吉倩妘，杨阳，吴晓. 国外联合居住社区的特征及其启示［J］. 规划师，2019（8）：66-71.

④ 常铭玮，袁大昌. 共享经济视角下居住空间与居住模式探索［G］//中国城市规划学会，东莞市人民政府. 持续发展　理性规划——2017中国城市规划年会论文集（20住房建设规划）. 中国城市规划学会，2017：9.

⑤ 杨心蔚，陈云霞. 存量规划背景下青年共享社区居住模式初探——以深圳集悦城为例［G］//中国城市规划学会，东莞市人民政府. 持续发展　理性规划——2017中国城市规划年会论文集（02城市更新）. 中国城市规划学会，2017：12.

余思尧（2018）在研究共享城市、共享社区模式等内容的基础上，认为我国青年共享社区建设应从开发建设模式、运营与营利模式、规划与设计模式、服务与管理模式、社群营造与活动模式五个模块进行探讨[①]。

2.2.3.5　开放街区

汤海孺（2016）提出，社区资源属于"半公共"型资源，在社区共享层面，应首先"开放街区"，使社区资源更加均衡，然后以共享停车、共享交通、共享公共服务设施等方式提高社区资源的共享性。在城市公共空间共享层面，可通过增设人性化设施、加强艺术设计、举办公共活动等提高城市活力[②]。

2.2.3.6　共享社区研究小结

纵观国内外共享社区的实践探索与相关研究，共享社区建设主要围绕共享空间、共享资源、共享生活以及共商共建四大议题展开（图2-14）。

共享空间：塑造类型丰富的共享空间是共享社区建设的核心议题。共享社区鼓励适当缩减私人居住空间，以换取更大的共享空间。例如可将起居室、厨房、餐厅、洗衣

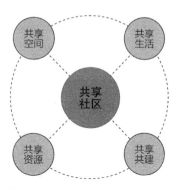

图2-14　共享社区建设四大议题

房、图书室、儿童活动室等非居住功能移入公共领域，形成更富亲切感、场所感、归属感的社区共享空间体系，为社区居民提供共享生活的场景。这种方式不仅降低了居民的住房成本，而且增加了邻里交往机会，促进了社区情感的凝聚。

① 余思尧. 共享城市背景下的青年共享社区模式探索 [D]. 上海：上海交通大学，2018.
② 汤海孺. 开放式街区：城市公共空间共享的未来方向 [J]. 杭州（我们），2016（09）：9-11.

共享资源：共享社区鼓励社区居民分享闲置物品以及共同购买生活物资，这种做法有物质与人文两方面的效益。物质方面，有利于提高资源利用效率，实现物尽其用，并降低了居民的日常生活物资消费；人文方面，闲置物品分享会成为邻里交往的纽带，增进邻里友谊，使社区更加和谐。

共享生活：共享社区提倡合作互助的生活方式，例如一起照看儿童、一起做饭、社区聚餐、节庆活动等。通过这种方式可以维系邻里情感，为邻里交流提供集中机会，也有助于降低居民生活成本，减轻生活压力。此外，线上网络空间与线下生活进行结合互动也已成为共享社区的典型特征。

共商共建：共享社区主张社区居民参与社区建设与日常管理，鼓励居民为社区的可持续发展贡献智慧和力量，通过社区居民集体协商、充分讨论的方式共同决策社区规划、设计、更新改造、管理等公共事务，以凝聚广泛的社区共识，助推社区共同体意识的形成，也使得社区发展符合全体居民利益。

2.2.4　共享空间研究

基于共享理念的空间规划设计是学者研究的热点。主要集中在三个方面，一是对城市公共空间的共享性认知，二是共享经济等现代技术对城市空间的影响变革以及规划应对，三是对特定类型空间的共享性研究以及详细设计要点。

2.2.4.1　城市公共空间的共享性认知

根据西方学者关于城市公共空间的研究，城市公共空间并不完全等同于一般的城市开放空间，或者城市公共空间存在着"真实性"的判定[①]，而且现实

---

① 陈竹，叶珉. 什么是真正的公共空间？——西方城市公共空间理论与空间公共性的判定［J］. 国际城市规划，2009，24（03）：44-49+53.

中，城市公共空间存在着"共而不享"或"享而不共"的问题。根据学者的相关研究（表2-12），"真实"的公共空间会具备共享性的价值，一是要体现"海纳百川"的内在气质，保证公共空间的公共性、包容性、平等性、参与性等；二是要体现"开朗大方"的外在特征，提升公共空间的开放性、多样性、分时性、效率性等。

城市公共空间共享性研究的文献整理 　　　　　表 2-12

学者	文献名称	主要观点
张馨（2018）	共享发展理念下城市公共空间的价值探讨	城市公共空间在新时代中国特色社会主义话语体系下更成为共享理念的空间表达，城市公共空间的共享价值应具有主体性特征，满足平等性要求，符合差异性尺度[①]
朱怡晨，李振宇（2018）	作为共享城市景观的滨水工业遗产改造策略——以苏州河为例	提升空间共享性是未来城市景观发展趋势，城市景观共享性应具备历时性、渗透性、分时性、多元性、日常性五个特性[②]
刘纯（2018）	城市公共空间中的共享景观营造	真正的共享空间是城市的价值所在，公共空间的分享与使用在城市与城市之间的竞争中扮演重要角色[③]
汤海孺（2017）	空间视角下的共享与生活社区营造	空间的共享应体现在公平性、互惠性、效率性、情感性和艺术性五个方面[④]

此外，关于公共空间与共享空间的关系问题，刘宛（2019）曾对这一问题展开研究，通过对五道口地铁站周边的公共空间的调研，认为公共空间未必是共享空间，公共空间不仅需要物质性的开放，还需要丰富性和多样性的场所精神，使得不同群体、不同利益、不同时间在空间机会上相对平等[⑤]。

① 张馨. 共享发展理念下城市公共空间的价值探讨 [J]. 南通职业大学学报, 2018（03）: 11-14.
② 朱怡晨，李振宇. 作为共享城市景观的滨水工业遗产改造策略——以苏州河为例 [J]. 风景园林, 2018（09）: 51-56.
③ 刘纯. 城市公共空间中的共享景观营造 [J]. 城市建设理论研究（电子版）, 2018（11）: 28.
④ 汤海孺. 空间视角下的共享与生活社区营造 [J]. 杭州（我们）, 2017（03）: 9-11.
⑤ 刘宛. 共享空间——"城市人"与城市公共空间的营造 [J]. 城市设计, 2019（01）: 52-57.

2.2.4.2 共享经济对城市空间的影响以及规划应对

（1）共享经济与共享空间

聂晶鑫等（2018）提出共享经济对城市空间具有正、负双方面效益，正效益指提升了城市空间品质及使用效益，而负效益则体现在混乱空间秩序、降低运营效率、空间管理失调等方面。在共享经济背景下，城市空间诉求会呈现以下规则：空间布局多尺度与分散化、空间形式混合性与多元化、空间治理互信与共享[①]。

王晶（2018）提出，共享经济背景下，城市共享空间的内在机制表现以下方面：ICT技术带来的产权与交易成本的变革、根植于城市地理技术创新与空间演化，以及城市权利与社会公平的诉求；未来城市空间会呈现空间使用效率大幅提升、传统公共空间的扩大化、社会共享流动带来的空间活化及基于共享的邻里社区复兴等演化趋势[②]。

（2）共享经济视角下共享空间规划应对

规划学者对共享空间规划设计应对的出发点主要有互联网、云平台、公众参与建设、活动预设、植入共享微空间、空间的错时利用、推广街区制、提升空间的弹性和包容性、增加空间供给等方面。

符陶陶（2016）总结出共享经济视角下的城市公共空间的四个关键词：分离（资源的所有权与其使用权、管理权的分离）、分解（需求与供给的内容分解以及规模分解）、共频（借助互联网，供需短时间匹配）、共赢（参与共享

① 聂晶鑫，刘合林，张衔春. 新时期共享经济的特征内涵、空间规则与规划策略［J］. 规划师，2018，34（05）：5-11.
② 王晶. ICT影响下共享空间的兴起：机制、趋势与应对［C］//中国城市规划学会、东莞市人民政府. 持续发展 理性规划——2017中国城市规划年会论文集（16区域规划与城市经济）. 中国城市规划学会，东莞市人民政府：中国城市规划学会，2017：11.

的多方受益）①。

王晶（2017）提出，针对城市共享空间，城市规划应对策略应包括以下要点：从功能导向到活动导向；基于共享的弹性空间、多元供给；从资源分配到资源协同、从使用者到提供者；应对共享的公众参与制度②。

聂晶鑫等（2018）提出，基于共享理念的空间规划策略重点就是重构空间秩序，包括遵循"行为—空间—规划"模式，精细共享空间布局、创新服务空间供给，建设共享社区平台及构建空间治理体系，完善空间管制手段③。

张馨（2018）提出，创造公共空间的共享价值首先要以法律手段保护空间的社会属性，其次要丰富空间层次与形式，最后要体现公共空间的人文关怀④。

吴宦漳（2018）提出，应重视共享经济对城市空间的影响，提倡共享交通，利用公共设施的闲置空间资源，提高城市用地的混合性与空间弹性⑤。

2.2.4.3　专项空间类型研究

针对具体的空间类型，国内外学者主要研究共享绿化、共享住房以及共享街道三种类型的空间。从国内外的研究成果来看，"共享"理念在三种类型空间的具体表现形式并不一样，共享绿化体现的是居民共建共享，共享住房体现的是空间的产权和使用权分离，共享街道则体现空间的使用权平等（表2-13）。

---

① 符陶陶. 共享经济时代，城市公共空间新玩法. ［EB/OL］.（2016-06-09）［2019-03-16］. https://mp.weixin.qq.com/s?__biz=MzA3MTE4Mzc5OA==&mid=2658450837&idx=3&sn=8f0849347 70fa9439e80da7f3c8a5f2d&scene=21#wechat_redirect.

② 王晶. ICT影响下共享空间的兴起：机制、趋势与应对［G］//中国城市规划学会、东莞市人民政府. 持续发展 理性规划——2017中国城市规划年会论文集（16区域规划与城市经济）. 中国城市规划学会，东莞市人民政府：中国城市规划学会，2017：11.

③ 聂晶鑫，刘合林，张衔春. 新时期共享经济的特征内涵、空间规则与规划策略［J］. 规划师，2018，34（05）：5-11.

④ 张馨. 共享发展理念下城市公共空间的价值探讨［J］. 南通职业大学学报，2018（03）：11-14.

⑤ 吴宦漳. 共享经济新趋势对城市空间的影响与规划应对［G］//中国城市规划学会、杭州市人民政府. 共享与品质——2018中国城市规划年会论文集（16区域规划与城市经济）. 中国城市规划学会，2018：8.

不同类型共享空间概念的文献整理　　　　　表2-13

类型	学者	概念	共享视角
共享绿化	王炎（2018）	共享绿化即居民可以共建共享的绿化景观，强调居民的参与建设①	居民参与
共享住房	陈立群，张雪原（2018）	"共享"视角下，城市住房的使用权不仅可以与所有权分离，还可以进行分割。通过住房空间共享，城市经济更加活跃，居住空间利用更加高效，城市形态更加紧凑②	空间的所有权和使用权分离
共享街道	Ivan Nio（2010）	国外研究："共享街道"理论最早可追溯至20世纪60年代的英国《城镇交通》（又称为布坎南报告）③，该报告提出"城镇街道空间应由机动车与其他使用者混合使用"的观点④	空间的使用权利平等
	张琦（2018）	国内研究：认为"共享街道"是人车平等、共存、共享的统一体，应更多关注行人与慢行交通的使用权利，强化街道空间的人文关怀及生活属性等⑤	

（1）共享绿化规划设计策略⑥

共享性绿化空间有两种类型，一是现状绿地的部分区域，二是居住区的边角地。共享性绿化空间应布置在人流适中的地方，但不宜大面积分布，影响居住区的正常秩序，其规划设计要丰富空间层次和植物配置，使四季皆有景致。

（2）共享住房规划设计策略⑦

以共享经济盘活存量住房资源：建立高效互信的共享信息平台，将闲置住

① 王炎. 城市居住区的共享绿化设计［J］. 艺海，2018（04）：89-90.
② 陈立群，张雪原. 共享经济与共享住房——从居住空间看城市空间的转变［J］. 规划师，2018，34（05）：24-29.
③ Ministry of Transport. Traffic in Towns: A Study of the Long Term Problems of Traffic in Urban Areas［R］. London: Her Majesty's Stationery Office, 1963.
④ Nio I. The Woonerf Today-Communal Versus Private［M］. Rotterdam: NAi Publishers, 2010.
⑤ 张琦. 小街区规制下生活性街道共享设计研究——以成都小街区为例［D］. 成都：西南交通大学，2018.
⑥ 王炎. 城市居住区的共享绿化设计［J］. 艺海，2018（04）：89-90.
⑦ 陈立群，张雪原. 共享经济与共享住房——从居住空间看城市空间的转变［J］. 规划师，2018，34（05）：24-29.

房与居住需求精确匹配；由政府或第三方机构主导，将闲置住房资源通过租赁或购买的方式进行集中管理、统一运营，实现闲置住房的公共化再利用。

建设更加共享的社区：建设开放性的社区，形成服务专业化的社区，打造多元化的社区。

从共享居住到共享城市：弱化用途标签，关注空间资源的动态优化利用；打破碎片化管理，明确空间使用的权责；弱化独占性，关注共同参与和共同拥有。

（3）共享街道规划设计策略

国外研究："共享街道"的实践最早出现于荷兰并被称作"Woonerf"，其设计理念包括：行人具有道路优先使用权、通过空间设计限制机动车速度与流量、车行空间和人行空间没有明显界限、配置可供行人停留的景观元素、清晰的出入标志等[1][2]。

国内研究：提高街道空间共享性的策略包括平衡街道空间多元使用者的权利、开放建筑退界、慢行交通优先、优化街道空间尺度、挖掘街道公共空间、营造街道24小时活力等[3][4]。

2.2.4.4 共享空间研究小结

共享空间的规划设计日益成为学者关注的焦点，纵观国内外学者关于共享空间的研究，都紧紧围绕"如何通过规划手段使城市空间更加共享"这一核心

① SOUTHWORTH M, BEN-JOSEPH E. Streets and the Shaping of Towns and Cities [M]. Chicago: Island Press, 2003.
② KARNDACHARUK A, WILSON D J, DUNN R, 等. 城市环境中共享（街道）空间概念演变综述 [J]. 城市交通, 2015,13（03）: 76-94.
③ 张琦. 小街区规制下生活性街道共享设计研究——以成都小街区为例 [D]. 成都：西南交通大学, 2018.
④ 黄秋实. 南京老城社区型共享街道空间建构与活力营造——以成贤街-碑亭巷-延龄巷为例 [D]. 南京：东南大学, 2017.

议题展开，共享空间的规划策略主要包括五个方面：一是以活动为导向，塑造更具弹性的城市空间形态，以容纳多元化的社会活动；二是加强智能共享平台建设，整合各类城市空间资源，使城市空间与使用者能快速精准匹配；三是共享经济与城市空间深度结合，盘活闲置的城市空间；四是以共享社区以及共享城市为目标，助推城市共享空间体系建设；五是建立政府、市民、市场、社会团体等多元参与的空间治理体系。

此外，共享空间并不等同于公共空间（图2-15）。从字面上看，"公共"与"共享"均有"共"的成分，两个词的差异在于"享"字，"享"意为"享受、使用"，因此，在"共"的基础上强调"享受、使用"是"共享"对比"公共"多出的一层含义。从空间层面看，共享经济更关注使用权的分享，因此会驱使一些私属空间的所有权与使用权产生分离，所有权仍属私人，但使用权却进入了共享流通领域，使得一些私属空间成为共享空间，如共享经济平台Airbnb将原本私密的住宅空间变成了共享住宿空间。而城市中一些虽属公共权属的开放用地，如一些品质低下、单调杂乱的公共绿地，城市居民既不能享受其景观美学，也不能使用其进行休闲活动，因此，其虽属公共空间范畴，但笔者认为不能称作共享空间。

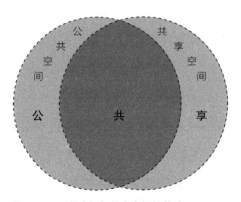

图2-15　公共空间与共享空间的范畴

2.2.5 基于共享理念的公众参与研究

学者关于"共享"背景下的公众参与研究主要集中在两方面，一方面是"共建"，引导公众主动参与城市建设，另一方面是共享经济对公众参与提供更多的机遇。

"共享"发展理念倡导"发展依靠人民"，意味着在公众"享有"权利的同时，也要承担一定的"建设"责任。"共享"背景下的公众参与，已经不仅停留在公众参与协商与决策阶段，更重要的是引导公众积极参与城市建设，主动为城市发展提供更多的服务。"共建"应成为"共享"的扩展含义以及公众参与的新内容[①]。在国外，德国在财政紧张导致行政压力较大的时候，将社区更新的主导权逐渐转移到社区工作者、创意人士、地方组织等第三方，形成了公、私、社区共建的格局，并促进了社区闲置空间的创意活化及社区邻里友好[②]。在国内共享发展背景下，一些城市也在积极探索多元主体"共建"的模式，例如上海的社区微更新计划、成都（天府新区）的社区营造项目、厦门的"美丽厦门，共同缔造"计划等，都在逐渐降低政府管理姿态，积极引导居民及社会力量的积极性[③]。

此外共享经济的快速发展也对公众参与产生积极影响，申洁等（2018）提出，共享经济所具备的平台化、开放性、分布式等特征对公众参与城市规划提供了新的机遇与挑战，机遇表现在共享经济促进了居民参与城市事务与共享的意识，打开了参与通道；挑战则表现在利益多元化导致的利益协调难度增加。共享经济革新了公众参与意识、城市土地利用、城市共享空间及城市服务能

① 汤海孺. 开放式街区：城市公共空间共享的未来方向 [J]. 杭州（我们），2016（09）：9-11.
② 单瑞琦. 社区微更新视角下的公共空间挖潜——以德国柏林社区菜园的实施为例 [J]. 上海城市规划，2017（05）：77-82.
③ 赵波. 多元共治的社区微更新——基于浦东新区缤纷社区建设的实证研究 [J]. 上海城市规划，2018（04）：37-42.

力，此外数据共享、VR、互联网也为公众参与城市规划提供新途径①。

2.3 本章小结

（1）规划视角下，"共享"内涵包括三个方面，一是平等包容的人文价值观，体现城市规划的人文关怀；二是一种以使用权转移为基础的资源分享模式，体现城市规划的集约导向；三是一种共商共建的社会协作模式，体现城市规划的公共属性（图2-16）。

（2）国内外研究与实践已将"共享"理念运用到"城市—社区—空间"三级层次之中，形成了城市共享体系，并且在规划建设方面多呈现"共享空间""存量""参与""活动""互联网"等关键词。目前，虽"共享"视角下社区更新的研究较少，但城市共享体系的研究与实践为本书架构基于共享理念的社区更新模式提供了理论指导（表2-14）。

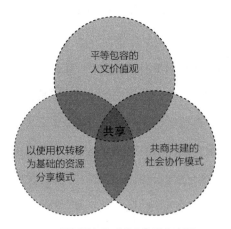

图2-16　规划视角下"共享"理念内涵

① 申洁，李心雨，邱孝高. 共享经济下城市规划中的公众参与行动框架 [J]. 规划师，2018，34（05）：18-23.

城市共享体系内涵及规划建设要点　　　　表 2-14

类型	内涵	规划建设要点
共享城市	以人人平等为基本追求，以共享空间为基础形态，以共享经济为发展动力，以社会协作为组织方式，通过智能的数字平台实现城市的全要素共享	人人平等、共享空间、共享交通、共享经济、共享物品、共享信息、共享人力、数字技术、社会协作、政策法规
共享社区	以社区共享空间或设施为基础，以共享资源为纽带，以共商共建为组织方式，以构建社区生活共同体为目标	塑造类型丰富的共享空间、社区闲置物品分享、合作互助的共享生活与活动、居民参与社区建设与管理、线上线下生活互动等
共享空间	并不等同于公共空间。与公共空间相比，共享空间更强调空间的公平正义、多方参与、使用权分享、弹性功能以及与智能平台的互动	活动导向、弹性空间、智能平台、共享经济与城市空间深度结合、城市共享空间体系建设、多元参与的空间治理体系等

第**3**章 案例调查研究

本章根据前文所总结的"共享"内涵，从"外在形式"与"内在机制"两个角度对相关实践案例进行调查与解析。首先从"外在形式"上梳理我国基于共享理念的社区更新所形成的空间类型，总结共同特征。其次选取北京地瓜社区、北京白塔寺社区共享客厅、上海创智农园三个成熟案例进行详细调查研究，总结共同的"内在机制"。本章为前一章的理论研究提供实践支撑，为下一章的策略梳理提供参考依据。

3.1 我国基于共享理念的社区更新案例综述与选取

3.1.1 概况

2016年以来，随着共享理念的不断深入人心以及共享经济的快速发展，我国北京、上海、成都、佛山等国内城市的一些社区已尝试将共享理念融入不同类型的社区空间更新实践中，从不同角度诠释共享理念，并产生了不同类型的社区共享空间（表3-1）。

同时，一些城市已形成品牌特色，如北京将社区闲置的人防地下室改造成具有公益性质的共享空间；上海在社区中开展多种类型的共享客厅建设以及社区共享绿地的实验；成都则将共享理念运用到厨房、工具房、绿地等多种社区空间中；长沙利用网络平台共享社区周边公共服务设施的闲置空间；佛山通过"共享APP+共享空间"的模式打造共享社区。这些更新实践为将共享理念融入社区更新提供了许多经验。

我国基于共享理念的社区更新代表案例概况　　　表 3-1

空间成果	城市	社区（区位）	社区类型	空间来源	运营时间（年）
社区共享客厅	北京	西城区新街口街道宫门口东岔81号	历史型	闲置办公用房更新	2017
	上海	黄浦区北京东路850弄宏兴里	历史型	闲置活动室更新	2017
	上海	普陀区阳光水岸苑小区	新建型	闲置仓库更新	2019
	上海	徐汇区康健新村街道寿昌坊社区	老旧型	废弃托儿所更新	2017
社区共享厨房	成都	郫都区郫筒街道双柏社区	新建型	社区商业类建筑功能植入	2018
	攀枝花	东区炳草岗街道民建社区	老旧型	社区中闲置民房更新	2017
	常州	钟楼区南大街文亨花园社区	新建型	社区公共建筑闲置房间更新	2018
社区共享资源空间	北京	西城区陶然亭街道南华里社区	老旧型	空间植入	2018
	佛山	禅城区祖庙街道同华社区	老旧型	闲置社区用房更新	2018
	成都	天府新区正兴街道田家寺社区	新建型	闲置小房屋更新	2018
	浏阳	淮川街道城东社区	新建型	闲置社区活动室更新	2018
社区共享书屋	天津	河东区中山门街道互助西里社区	老旧型	废弃小屋更新	2018
	上海	黄浦区贵州西里弄社区	历史型	废弃阁楼更新	2017
	上海	长宁区新华街道新华社区	老旧型	公寓闲置区域更新	2019
	成都	金牛区抚琴街道金鱼街1号	老旧型	闲置空地更新	2017
	江门	蓬江区白沙街道幸福社区	老旧型	闲置杂物间更新	2018
社区共享洗衣房	上海	黄浦区承兴小区	老旧型	低效率的设施用房更新	2017
社区共享健身仓	兰州	城关区兰监小区	新建型	未充分利用的小广场更新	2018
社区共享娱乐中心	无锡	梁溪区映山华庭	新建型	小区街角空间更新改造	2019

续表

空间成果	城市	社区（区位）	社区类型	空间来源	运营时间（年）
社区共享地下空间	北京	朝阳区安苑北里19号楼地下室	老旧型	闲置地下室更新	2016
	北京	西城区牛街东里一区14号楼地下室	历史型	闲置地下室更新	2015
	北京	海淀区交大嘉园3号楼地下室	新建型	闲置地下室更新	2016
共享公共服务设施	长沙	雨花区	—	公共服务设施的闲置空间	2018
社区共享绿地	北京	海淀区田村路街道西木社区	老旧型	废品回收站更新	2017
	上海	杨浦区五角场街道伟康路129号北侧	新建型	社区边角闲置绿地更新	2017
	上海	杨浦区四平路街道鞍山四村第三小区	老旧型	环境品质不佳的公共绿地更新	2016
	深圳	龙华区观湖街道松元厦社区	老旧型	社区空地更新	2018
	重庆	南岸区涂山镇福民社区	老旧型	社区居委会院内空地更新	2016
	成都	青羊区汪家拐街道文翁社区	老旧型	院内杂乱空地更新	2018
	成都	成都武侯区玉林东路社区	老旧型	社区破旧的小荒园更新	2018
	宁波	鄞州区洋江水岸社区	新建型	社区草坪更新	2018

3.1.2　共享理念的体现

每个案例体现共享理念的侧重点并不相同，有些案例侧重对社区多元人群的关怀，体现平等包容的内涵，如社区共享客厅、共享绿地、共享厨房等；有些案例侧重社区闲置资源分享的内涵，如社区资源共享空间、共享书屋、共享公共服务设施；有些案例侧重共商共建的内涵，如社区共享绿地等。

3.1.3 社区类型分析

案例社区根据建设年代可分为历史型社区（新中国成立前建造）、老旧型社区（新中国成立后～2000年前建造）、新建型社区（2000年以后建造）。在表3-1所列的更新案例中，13.33%的案例为历史型社区、53.34%的案例为老旧型社区、33.33%的案例为新建型社区，体现出"共享"理念在不同类型社区的更新中有着较广泛适用性。

3.1.4 空间更新类型分析

根据案例统计，我国目前基于共享理念的社区更新所产生的空间类型较为丰富，包括7种，即社区共享客厅、共享绿地、资源共享空间、共享书屋、共享厨房、共享地下空间、共享设施（共享洗衣房、共享健身仓、共享娱乐中心、共享公共服务设施）。这些共享空间不仅提升了空间品质，而且符合新时期的居民生活习惯，并引发居民新的交往方式，推动居民参与社区建设，激发多样的社区公共活动。

空间的更新来源以"存量激活"为最显著的特征，94%的案例是将社区中闲置、废弃或利用效率不高的存量空间更新再利用，一些案例通过激活闲置空间进一步激活社区的闲置资源。

3.1.5 调研案例选取

虽然目前我国基于共享理念的社区更新案例较为丰富，但整体来看，更新项目的总体运营时间较短，整体仍处于初步认知和探索阶段。为了更好探析基于共享理念的社区更新机制，需在三种类型社区中各选取较为成熟、具有学术价值的案例进行解析。

（1）选取标准

本书案例选取的主要原则是：在国内主流媒体上给予正面报道、见诸于国内学术期刊、有一定的社会影响力和居民满意度、运营了较长的一段时间。

根据以上四个原则，本书分别选取北京地瓜社区、北京白塔寺社区共享客厅、上海创智农园分别作为老旧型社区、历史型社区、新建型社区代表案例进行实地调查研究。三个案例均在不同层面体现了对多元人群的关怀、资源分享、共商共建的"共享"内涵。

（2）调研框架

本书所选取的三个实证案例的研究框架主要涉及项目背景、空间更新、实施与运营、居民使用情况、共享经验等方面（图3-1）。

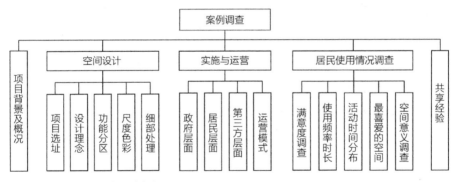

图3-1　三个调研案例的研究框架

根据研究框架，设置以下研究步骤：

①文献整理：本书所调研的三个实证案例都经常见诸国内主流新闻媒体或学术期刊，并且基本都是正面、积极的报道。通过对已有的报道与研究进行梳理，挖掘案例的项目背景、社会人文内涵等。

②现场观察：对所调研的三个案例进行实地勘察，绘制平面图和主要的分析图，了解功能分区、空间尺度、空间色彩、细部处理等空间设计手法。此

外，在一天不同的时间内，分别对各案例的空间使用人数、人群构成、人群在空间内的分布特征等进行观察，分析不同时间内人群特征、人的行为与空间的对应关系。

③问卷访谈：对每个案例各发放50份问卷，共150份，收回有效问卷137份。并与社区本地居民、访客、社区管理者、社区志愿者等进行访谈交流，了解案例的使用评价及实施运营等情况（表3-2，问卷原文见附录一）。

④整理与分析：整理各个实践案例的资料，总结实践案例的共同特征及各自的特色经验做法。

三个社区问卷发放情况统计　　　　　　　　　　　表 3-2

社区更新案例	发放问卷（份）	收回有效问卷（份）
北京地瓜社区	50	46
北京白塔寺社区共享客厅	50	45
上海创智农园	50	46
总计	150	137

3.2　老旧型社区更新案例调研——以北京地瓜社区为例

3.2.1　项目背景及概况

"地瓜社区"并非传统意义上的社区，而是北京市探索闲置地下人防工程更新再利用的社区公益项目，已建成的两处均位于北京市朝阳区（图3-2～图3-5，表3-3）。"地瓜社区"项目自运营以来，备受社会各界关注及好评，并荣获2016"DFA亚洲最具影响力设计奖"，调查问卷显示居民满意度高达95.65%。本书主要对地瓜社区1号进行空间更新设计及人群使用情况调查。

图3-2　地瓜社区区位图

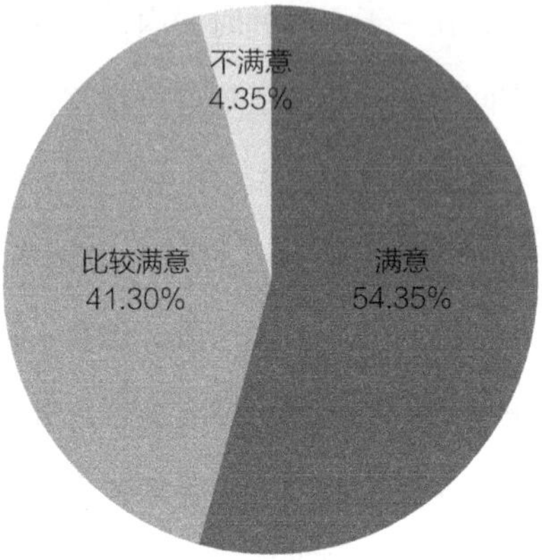

图3-3　地瓜社区满意度调查

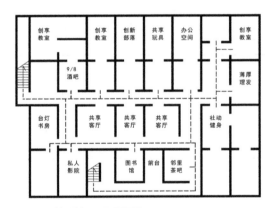

图3-4　地瓜社区1号平面图

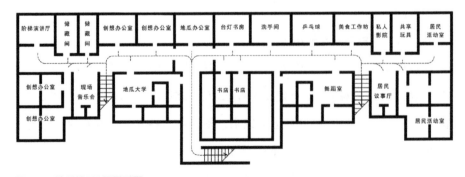

图3-5　地瓜社区2号平面图

北京市已建成地瓜社区概况　　　　　　　　表 3-3

序号	地瓜社区1号	地瓜社区2号
地址	朝阳区安苑北里19号楼地下室	朝阳区甘露西园2号楼地下室
空间面积	560平方米	1500平方米
正式运营时间	2016年3月25日	2018年1月6日
空间功能	共享客厅、邻里茶吧、共享玩具、图书馆、创享教室、创新部落、社区健身、私人影院、台灯书房、薄厚理发等	地瓜大学、居民议事厅、阶梯演讲厅、美食工作坊、创享办公室、共享玩具、图书馆、现场音乐会、乒乓球室、书店、舞蹈室等
更新前特征	原本用途均是人防工程，但后被私人承包用作不符合相关管理规定的房屋出租或商业宾馆，环境"脏、乱、差"，安全隐患较大	
实施主体	民防部门、街道办事处、地瓜团队	

地瓜社区项目所在地虽距离不近，但是存在一些共性问题。一是所在小区均属20世纪90年代建成，公共空间匮乏，配套设施不足，邻里关系冷漠，特别是北漂、创业者和刚毕业的大学生等青年群体严重依赖网络虚拟社交，缺乏社区融入感；二是原本用于人防工程的地下室曾一度被私人承包，用于房屋出租、宾馆等商业行为，建设质量简陋，人群密度较大，存在较大的安全隐患，同时也威胁社区居民安全稳定的居住生活。在北京疏解整治的背景下，这些问题备受当地政府关注。

3.2.2　空间更新分析

地瓜社区最主要的空间更新特征是趣味性和亲切感，改变了人们对地下空间的认知。趣味性表现在一些细部处理，如地下空间入口处时尚的3D箭头令人耳目一新，减轻原空间的压抑感；亲切感则表现在宜人的尺度处理以及温馨的色彩配置（表3-4）。

地瓜社区空间分析 表3-4

调查项	设计说明
项目选址	社区闲置人防工程更新再利用
设计理念	营造平等、温暖、好玩的社区共享文化
功能分区	网格化的空间布局，空间中心位置是共享客厅，可供居民聚会、交流、休憩等，围绕共享客厅展开一系列不同功能的小空间序列
尺度色彩	尺度介于1.30～3.75米，利于居民交往；空间的色彩主要由红、橙、黄等暖色调搭配而成
细部处理	迥异的入口空间、3D打印的通风管道、房间编号等

3.2.3　实施与运营分析

（1）政府层面

北京市朝阳区亚运村街道联合区民防局在政策、资金、使用手续、基础设施改善等方面，为地瓜社区的前期准备提供了许多支持，此外，亚运村街道通过政府购买服务，将空间的运营交由地瓜团队负责。

（2）居民层面

地瓜社区的居民参与主要体现在空间主要功能的决策方面，通过居民的4轮共187张投票选出了地瓜社区的十大功能，如客厅、图书馆、儿童活动空间、健身空间等。

（3）第三方团队层面

地瓜团队作为第三方团队，为地瓜社区的空间设计、引导居民参与、活动组织、收支平衡、日常管理等方面发挥了中流砥柱的作用。例如，团队曾将一个废旧的三轮车改造成流动投票车，吸引居民前来投票以选出需求最强烈的功能，保障了项目的最大受益范围。

（4）运营模式

地瓜社区根据空间功能的不同采用了三种运营方式：免费、"捐即免费"、廉价的收费。地瓜社区作为社区公益性项目，绝大部分功能是免费的，不收取任何费用，例如中央的共享客厅、图书阅读室等；一些项目"捐即免费"，鼓励居民将自己家中闲置的资源捐赠出来，与其他居民共享，如邻里茶室；剩余项目收取比外界低廉的费用，如健身房、理发店等。地瓜社区自运营一段时间来，基本实现了收支平衡。

此外，地瓜团队以社会学为基础，通过对居民的调研分析，采取不同的工作模式，组织丰富多彩的活动，如分享社区故事，举办创意节，进行艺术培训，组织居民包粽子、做月饼，为社区儿童庆生等，为邻里交往提供良好的平台，不断激发社区活力。

3.2.4　居民使用情况调查

（1）人群基本信息

对北京地瓜社区内的居民发放50份问卷，收回有效问卷46份。其中性别方面：男性居民占34.78%，女性居民占65.22%；年龄方面：17岁及以下居民占21.74%，18～40岁居民占52.17%，41～59岁居民占15.22%，60岁及以上居民占10.87%；身份结构方面：本地社区居民占73.91%，访客占26.09%（图3-6）。

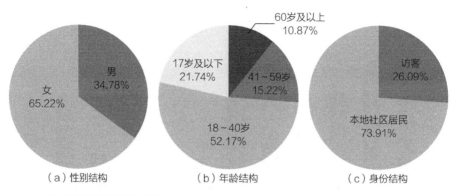

（a）性别结构　　　　（b）年龄结构　　　　（c）身份结构

图3-6　地瓜社区受访者基本信息
注：本地社区指半径1公里以内的社区

（2）使用频率和时长调查

根据调查问卷显示，地瓜社区对社区居民有较高的吸引力，表现在约七成的受访居民经常去地瓜社区，居民在地瓜社区平均停留时长约90分钟（图3-7）。

（3）最受欢迎的空间

根据问卷调查，地瓜社区最受居民欢迎的空间是图书馆、邻里茶吧、社区健身、共享客厅、共享玩具。其中邻里茶吧、共享客厅、共享玩具体现着居民对共享生活方式的喜爱（图3-8）。

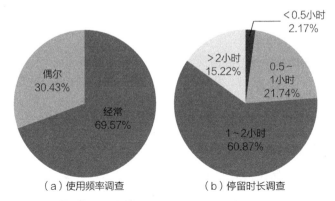

（a）使用频率调查　　　（b）停留时长调查

图3-7　地瓜社区受访者使用频率和时长调查

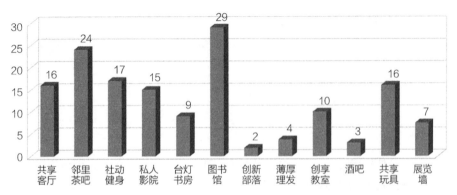

图3-8　地瓜社区最受居民欢迎的空间类型

（4）受访者活动时间分布调查

通过行为注记法观察，不同年龄段居民对地瓜社区的空间使用情况不同。中老年人活动时间以早晨至傍晚时间为主，青年人活动时间则以下午18点至晚21点为主，儿童活动时间以下午16点至晚20点为主，家长活动时间以下午18点至20点为主（图3-9）。

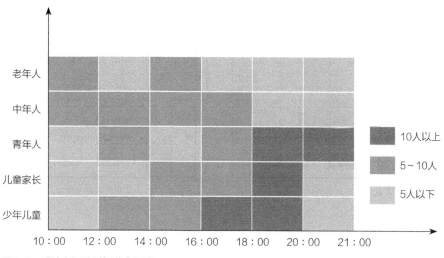

图3-9　受访者活动时间分布调查

（5）受访者的喜好空间调查

进一步对不同年龄段居民的喜好空间做调查分析，调查显示不同年龄段的居民均能在地瓜社区中找到自己的"乐子"。调查结果说明地瓜社区较好地满足群众的多元需求，相对实现了空间的平等和共享。尤其是针对儿童和儿童家长的共享玩具、创享教室等功能，既能为儿童提供一个愉快玩耍的空间，又方便家长之间相互照看儿童，得到社区居民的一致好评。据调查，儿童放学时间是下午16:30，家长下班回家时间是18:00，故存在着家长不在儿童身边的空窗

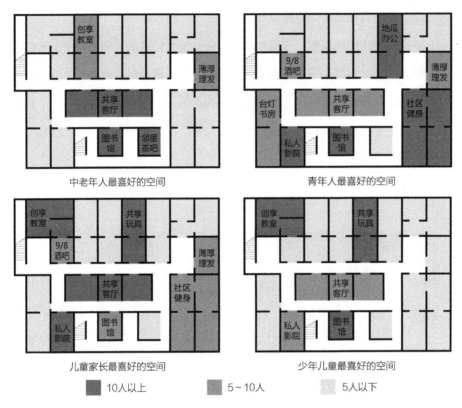

中老年人最喜好的空间

青年人最喜好的空间

儿童家长最喜好的空间

少年儿童最喜好的空间

█ 10人以上　　█ 5～10人　　░ 5人以下

图3-10　受访者喜好空间调查

期，地瓜社区挖掘社区闲置的人力资源，结合创享教室的空间利用，有效解决
了儿童照看的问题（图3-10）。

（6）地瓜社区成立的意义调查

根据调查问卷统计，社区居民认为地瓜社区成立意义的排序依次是丰富
社区公共活动（71.74%）、促进社区邻里交流（65.22%）、提升社区空间品质
（60.87%）、方便家长照看儿童（52.17%）、提高资源利用效率（47.83%）。

调查结果说明，地瓜社区的成立不仅可以改善社区空间品质，而且对于促进
居民交流、催化社区活力、便利居民生活等也具有一定的积极意义（图3-11）。

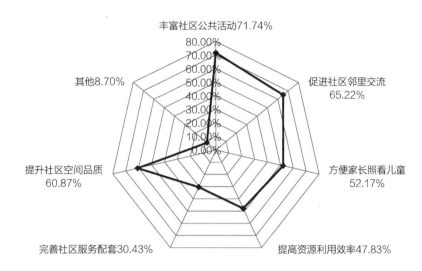

图3-11 地瓜社区成立意义调研

3.2.5 "共享"经验

地瓜社区的成立初衷是通过打造共享地下空间和具备共享经济思维的社区平台，打破社区冷漠的人际关系，培育平等、温暖、共享的社区文化，并希望利用社区自己的人力资源打造社区协作网络（图3-12）。地瓜社区运营者主要是由中央美术学院师生和居民志愿者构成的地瓜团队。团队运用"共享"思维为社区更新探索了很多新做法。

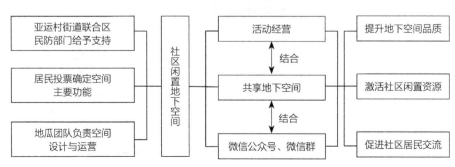

图3-12 北京地瓜社区实施机制

（1）社区资源共享空间

共享经济的供给重点就是闲置资源。而为了鼓励居民将手中的闲置资源分享出来，地瓜团队采取"捐即免费"的机制。如只要在邻里茶吧内捐赠茶叶，就可以免费品尝其他人的茶叶，并且会得到与其他人结识的机会；只要向图书馆捐赠书籍，就可以成为会员并免费借阅。目前地瓜社区共收到居民捐赠的茶叶四十余份，图书二百余本。这一做法成功地调集居民手中的闲置资源，为社区文化建设积聚力量（图3-13）。

（2）社区共享时租空间

共享经济通过使用权的分享来降低消费门槛，使社会成员有更多的机会获得资源，在一定程度上促进了社会的公平正义。在地瓜社区内有若干按时收费的小空间，社区居民可以用较低的成本租用这些空间来举办各种活动，如生日派对、节日聚会、朋友见面等。如共享玩具屋吸引了众多社区儿童和家长，并以此为契机增加了他们之间的相互结识的机会；创享教室为社区居民举办培训和文化活动提供了一个良好的空间；创新部落为社区居民尤其是青年提供了一个良好的创新就业平台，促进了社区青年的职住平衡和社区融入感。由于按时

图3-13　地瓜社区资源共享空间（摄于2019年）

收取一定的费用，地瓜社区避免了空间的私有化，使更多的居民机会平等地使用空间，实现了空间的共享。

（3）社区技能共享平台

共享经济通过某种中介平台高效链接供需双方，重构社会交往结构。地瓜社区经营者在信息栏中收集社区居民的特长及联系方式，鼓励社区能人利用自己的技能为社区居民开设相关培训或提供服务，通过这样的平台，一方面可以为社区能人提供兼职工作，另一方面也可为普通居民提供提升自己技能或获得服务的机会。如社区内有两位全职妈妈，通过地瓜团队的搭台，每天下午17：00在时租空间内为放学回家早并且没有家长照看的儿童上兴趣课。由于都是同一社区的居民，故价格相对低廉。这样不仅可以提高全职妈妈的生活收入，而且也可以在照看自己孩子的同时照看其他孩子，成为"幼吾幼以及人之幼"的典范，达到多方共赢，而地瓜社区只是提供了一个平台。

其他老旧型社区更新案例简述

老旧小区一般都存在着环境老化与邻里关系淡薄等问题，近年来，在上海、天津、宁波等城市老旧社区中，社区及居民挖掘并充分利用闲置或存量空间，打造社区共享绿地、共享客厅、共享书屋等多种形式的共建、共享平台，不仅使社区环境得以提升，也使社区邻里关系得到改善，促进了社区和谐发展。

（1）上海市杨浦区鞍山四村第三小区建成于20世纪50年代，属于老旧型社区，社区的中心绿地常年荒芜，景观品质低下。2016年，在四平路街道办事处及社区居委会的支持协调下，同济大学等专业的第三方团队指导居民进行了社区中心绿地的更新改造，打造成共建、共享的绿地景观，并将更新后的绿地命名为"百草园"。该更新项目充分体现了"政府支持、居民参与、专业团队指导"的共建共享模式，其中居民更是发挥了主导作用，全程参与了绿地更新的方案设计、施工以及后期管理。项目设计过程中，居委会、设计团队与居民进行了多轮方案协商，共同确定了绿地功能分区与景观细节；项目施工过程中，在专业团队指导下，以居民为主体力量对绿地进行了松土、铺装、种植、浇水、施肥等，一些居民还将自家植物移植到绿地中与其他居民分享；项目建成后，社区居民还组建志愿者团队，负责绿地的日常养护、管理以及活动组织，促进了居民之间的交流与协作。"百草园"项目不仅引导居民深度参与社区事务，形成社区共治、共建、共享平台，也使得居民与居民、居民与社区、居民与自然之间的关系更加和谐。

（2）天津市河东区互助西里社区建于20世纪90年代，在共享经济浪潮下，2018年，社区将一处废旧木屋改造成了"共享书屋"，不仅提高了社区空间利用率，也产生了较大的人文价值。自建成后，居民纷纷将自家中的书籍捐献到书屋中，以书会友，让图书及知识在社区中共享，使社区邻里关系在书香中更加和睦。"共享书屋"采用自助模式，无固定管理员，居民可自行借阅，随借随还，一切靠居民自觉，但据统计，书屋书籍数量不仅没有减少，反而在不断增加，社区的阅读氛围也在不断提升。

（3）浙江省宁波市丹顶鹤社区建于20世纪80年代，存在着人口老龄化、住宅面积小、楼道与车棚杂乱等典型问题。2020年，社区组织居民参与楼道与车棚更新活动，使老旧社区蝶变成为共建共享的花园社区，邻里关系也在更新改造过程中更加和睦。社区150幢楼居住的多是老年人口。在社区的组织支持下，居民群策群力，将一楼楼道打造成"共享客厅"，供居民休闲、交流、聚餐，客厅里的一些家具摆设由居民众筹而来，社区还引入第三方团队为居民提供更专业的服务。社区公共车棚曾杂乱无序，在社区的支持引导下，居民出资出力对其进行更新改造，不仅在车棚内搭设花架，还将自家的植物放入花架中并打理养护，使破旧的车棚焕发生机，成为共建共享的花园。

3.3 历史型社区更新案例调研——以北京白塔寺社区共享客厅为例

3.3.1 项目背景及概况

白塔寺社区共享客厅是2017年"白塔寺再生计划"中的一个空间实践项目,位于北京市白塔寺历史文化保护区宫门口东岔81号,东距白塔寺仅90米。作为一个长期动态的城市更新计划,"白塔寺再生计划"的目标是在政府购买服务及引入社会力量设计与运营的基础上,通过空间更新重构白塔寺地区的邻里关系。白塔寺社区共享客厅自建成以来,北京的主流新闻媒体纷纷给予正面报道,在白塔寺地区的邻里街坊中也颇受欢迎,调查问卷显示居民满意度高达93.33%(图3-14~图3-16,表3-5)。

图3-14 白塔寺社区共享客厅区位图

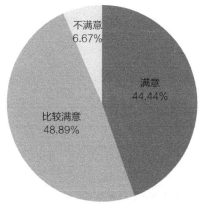

图3-15 白塔寺社区共享客厅满意度调查

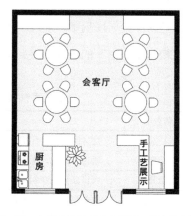

图3-16 白塔寺社区共享客厅(一层)平面图

　　随着时代的发展，白塔寺历史文化保护区内涌入大量人口，传统的胡同和四合院空间逐渐模糊，传统的邻里温情也在慢慢瓦解，整体人文衰败情况较为严重。白塔寺社区共享客厅的成立就是为了重温曾经老街坊之间的亲近与温情，追寻共享互助的生活场景，通过共享的空间和生活设施为居民分享生活、追寻记忆、举办活动等提供场所，拉近邻里之间的关系。

白塔寺社区共享客厅基本概况　　　　　　　　表3-5

地址	北京市西城区新街口街道宫门口东岔81号
空间面积	计划120平方米，目前运营60平方米
正式运营时间	2017年11月3日
空间功能或陈设	已建成的一层功能：共享厨房、茶座饭桌、居民手工艺展示柜；计划二层功能：电影院、图书馆、照相馆、教室等；
实施主体	民政部门、街道办事处、投资企业、策划与运营团队等

3.3.2　空间更新分析

　　白塔寺社区共享客厅最主要的空间更新特征是怀旧与温情。怀旧表现在空间的装饰仿照了20世纪六七十年代的北京供销社风格，摆放了一些"老物件"，能够引起居民对过去四合院和胡同生活的温情回忆；温情则表现在客厅中的一些物品由居民捐赠，通过资源共享提升邻里关系，此外，亲切的厨房和桌椅也模拟了"家"的场景（表3-6）。

白塔寺社区共享客厅空间分析　　　　　　　　表3-6

调查项	设计说明
项目选址	社区闲置办公用房更新再利用
设计理念	通过20世纪六七十年代供销社风格的共享空间使社区人文记忆得到再生
功能分区	入口处是共享厨房、手工艺展示柜，里面是茶座饭桌
尺度色彩	共两层，每层约8米×7.5米，尺度较为方正；色彩以"泛黄"的复古色调为主，辅以"中国红"等传统颜色
细部处理	20世纪的"老物件"

3.3.3　实施与运营分析

（1）政府层面

北京市西城区新街口街道联合区民政局为白塔寺社区共享客厅提供扶持政策、引导资金和社区资源，此外，通过政府购买服务，将空间的运营交由"熊猫慢递"团队负责。

（2）居民层面

白塔寺社区共享客厅的居民参与主要体现在居民在社团、文艺、节庆等社区活动的自组织方面，客厅运营以来，居民自发组织的社团及活动不断增加，促进了居民之间的相互交流。

（3）第三方团队层面

"熊猫慢递"作为第三方团队，在白塔寺社区共享客厅的设计策划、场地服务、实施运营、活动组织等方面发挥了积极的作用。例如，团队根据居民的活动需求，安排客厅的利用计划，做好相关场地服务，保障居民活动有秩序、顺利地进行。

（4）运营模式

白塔寺社区共享客厅对全体居民免费开放。为了能让更多的居民使用共享客厅，客厅不设置固定的功能和使用人群，如果居民有社团活动需要，需提前进行预约场地。根据运营团队的介绍，共享客厅的成立促使社团的数量不断增加。

3.3.4　居民使用情况调查分析

（1）人群基本信息（图3-17）

（2）使用频率和时长调查

根据调查问卷显示，白塔寺社区共享客厅对社区居民有较高的吸引力，表

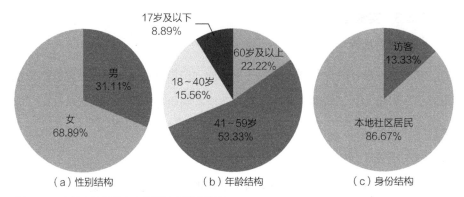

图3-17 白塔寺社区共享客厅受访者基本信息

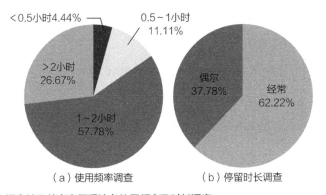

图3-18 白塔寺社区共享客厅受访者使用频率及时长调查

现在约六成的受访居民经常去共享客厅，居民在共享客厅平均停留时长约100分钟（图3-18）。

（3）最受欢迎的空间

根据问卷调查，居民来到共享客厅的最主要目的依次是聚会交流、共享美食、社团活动、业余培训、会客接待等，最受居民欢迎的空间是桌椅和共享厨房。体现了居民对曾经老四合院共享的生活方式的怀念（图3-19）。

（4）受访者活动时间分布调查

因白塔寺社区共享客厅以邻里聚会及社团活动为主，故不同人群的使用时

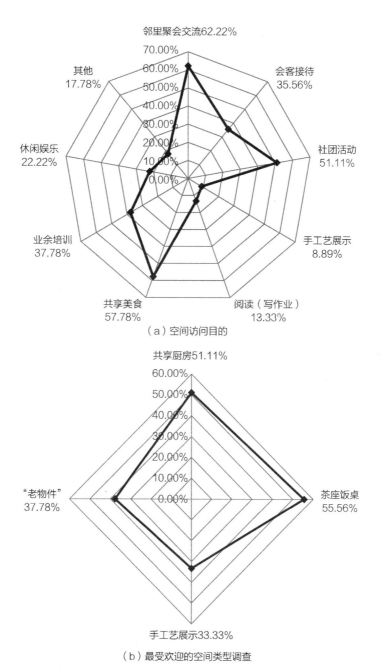

（a）空间访问目的

（b）最受欢迎的空间类型调查

图3-19　白塔寺社区共享客厅最受欢迎的空间类型调查

间存在着不确定性。一般而言，白天以中老年居民交流聚会为主，儿童多出现在放学以后的时间段，青年人的活动时间段因社团活动内容而异。

（5）受访者的喜好空间调查

白塔寺社区共享客厅整体空间布局较为简约，但对不同年龄段居民均有一定吸引力。除了中老年人是客厅的常客以外，客厅也为青年人举办读书会、诗词分享会及儿童写作业提供了良好的空间。

（6）白塔寺社区共享客厅成立的意义调查

根据调查问卷统计，社区居民认为白塔寺社区共享客厅成立意义的排序依次是：重塑旧时邻里温情（73.33%）、促进社区邻里交流（68.89%）、丰富社区公共活动（62.22%）、再生社区人文记忆（62.22%）、提升社区空间品质（51.11%）、提高社区资源利用效率（42.22%）。

调查结果说明白塔寺社区共享客厅的成立不仅可以改善社区空间品质，而且对于重塑旧时四合院共享的生活方式，促进居民情感交流等也具有一定的积极意义（图3-20）。

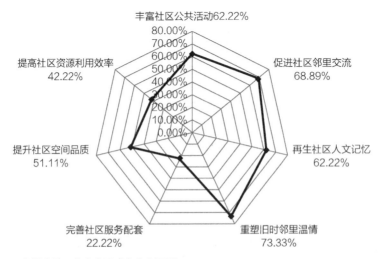

图3-20　白塔寺社区共享客厅成立意义调研

3.3.5 "共享"经验

北京白塔寺社区共享客厅通过开放共享的理念，为老街坊营造了一个良好的交流和公共活动的共享空间，重新拉近邻里关系，并通过文化场所的营造再生白塔寺地区人文记忆（图3-21）。

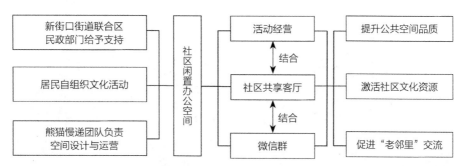

图3-21 北京白塔寺社区共享客厅实施机制

（1）通过共享设施营造共享生活

在北京传统四合院和胡同生活方式中，邻里街坊之间经常同做"大锅饭"，或者谁家有美食都会与邻居共享，当时邻里之间如同亲人般相处，这也是在采访中居民表示最难忘的情景之一。而白塔寺社区共享客厅与一般的居家客厅相比最大的不同就在于设置有共享厨房，在这一"特殊"空间内，居民之间可以切磋厨艺并共享美食所带来的快乐，也为邻里聚会、访客接待等提供空间（图3-22）。共同"做饭"和"吃饭"可以较好地拉近人与人之间的距离，而且由于"吃"本身的特殊魅力，还可以吸引更多的居民参与其中。由此可见，通过生活设施共享不仅可以降低居民的生活成本，还可以促进居民之间情感升温，再现传统共享互助的生活模式。

（2）空间使用权按需分配

共享经济模式的最大创新在于社会资源的所有权与使用权分离以至于使用

图3-22 白塔寺社区共享客厅社团活动（摄于2019年）

权可以按需分配，从而使得社会资源能让更多的人享用，促进社会平等和公平，这也是"共享"的内涵之一。而白塔寺社区共享客厅为了能让更多的居民使用，以使有限空间发挥无限社会价值，不设置固定的功能和使用人群，而是采取按需分配的方式，即通过提前预约、活动预设、免费使用的手段为更多的居民或社群提供空间利用机会，这样不仅使得空间利用效率提高，还可以不断壮大社群活动的类型和规模。以不变的空间承载万变的社区文化活动，以万变的社区文化活动吸引多元的社区居民，不断激发客厅的"共享"价值。

（3）共享社团活动激发空间活力

共享文明时代更容易使有相同兴趣爱好的人群在空间上集聚并提升空间

活力。白塔寺社区共享客厅由于其开放共享的特征使其成为一个社团"孵化器"，自运营以来已有文笔、书画、光影、缝补、劳作、编织、舞蹈、京剧票友等多个社团在此定期组织活动，社团的类型和数量也在不断增加，每个居民均可参加多个社团，在丰富社区生活的同时促进了居民之间的相互交流和了解。运营团队也会定期举办手工、诗词、电影及节日庆祝等文化分享会，进一步增强空间的文化魅力。此外，白塔寺社区共享客厅也为社区居民自组织活动提供了空间场所，客厅的品牌文化活动"微庙会"即由老街坊自发组织，重现阔别近60年的白塔寺庙会（老北京四大庙会之一），以及老手艺和传统文化项目，对整个北京都具有一定的文化影响力。

其他历史型社区更新案例简述

在北京、上海等城市的历史型社区中，由于居民人口与居住环境发展不协调，导致一系列空间或人文的问题。近年来，一些历史型社区在政府的支持引导下，尝试基于"共享"理念探索空间更新的新模式，利用老街巷、老胡同内闲置或腾退的空间，引导居民参与多样的空间更新活动，充分发挥居民的才能与力量，强化"居民—空间"相互生产的关系，助推形成共建、共享的社区营造平台。这种模式使得老街巷老胡同的空间与人文环境得到了双升华。

（1）北京东四历史文化街区是典型的老北京四合院风貌居住片区，但是人口密度较高，居住环境品质不佳。2017年，在东城区政府及街道的支持指导下，一些胡同居民自发成立"花友会"，在铁营胡同、东四六条、铁营南巷、流水巷等胡同里腾退的公共空间或院落内，植入花坛、花箱、花架等设施，打造成"共享花坛""共享花房"及"园艺驿站"。"花友会"成员不仅认领花坛、花箱精心养护，而且不断更新花卉品种，使得胡同呈现一片生机盎然的景象，与四合院传统风貌相得益彰。随着"花友会"成员不断壮大，越来越多的胡同空间被居民认养并植花种草，同时，胡同居民以花为媒，交流种植心得，邻里关系不断升温。2018年9月28日，东四街道举办了第一届"花友节"，进一步凝聚了"花友会"的力量，激发了居民参与胡同空间更新的热情，助推形成共建、共治、共享的社会治理格局。

（2）北京杨梅竹斜街是大栅栏历史文化街区的代表性街巷，但是随着城市发展，老街巷的空间与活力日渐衰败。2015～2017年，在杨梅竹斜街更新过程中，设计团队通过打造"共享花草堂"项目，引导园艺爱好者参与老胡同的花草种植活动，不仅提升了街巷美学，而且也使街巷居民产生"家"的归属感。

（3）上海宏兴里位于黄浦区北京东路850弄，是典型的传统石库门住宅区，因建成年代久远，许多家庭的居住空间狭小，居民无充足的空间用于会客及聚会，并且随着城市发展与变迁，里弄内的社会结构日益复杂，邻里关系及社区共识也面临着瓦解。2017年，南京东路街道办事处、贵州居民委员会与同济大学团队经过前期的民意调查，通过微更新的手段，将里弄内一处使用效率低下的社区活动室改造成共享客厅，以满足居民对公共交往及社区生活的需要。共享客厅约30平方米，共分为两层，一层为公共厨房与餐厅，二层为会议室以及图书阅览。原活动室窗户较小，空间较为封闭，设计师将一层的墙面改成玻璃墙，二层也增加了立面开窗，营造友好、开放、明亮的空间氛围，同时连通了室内室外的社区生活，激发出更多的公共活动。共享客厅主要用作居民的邻里交往、亲朋款待及社区活动，居民提前预约便可使用，提高了空间使用效率。宏兴里共享客厅不仅盘活了社区闲置资源，而且为居民搭建了交流与沟通平台，重建社区居民归属感，也使得百年老城厢焕发新的生机。

3.4 新建型社区更新案例调研——以上海创智农园为例

3.4.1 项目背景及概况

上海创智农园是"行走上海——社区空间微更新"计划的代表项目，位于上海市杨浦区创智坊社区睦邻中心北侧。创智农园原本是社区无人问津的荒芜边角地，自开发建设以来，由于其"生态环保、共建共享"的设计与运营模式，使其成为学者研究及新闻报道的热点。据初步统计，涉及创智农园的研究论文已达18篇，央视新闻也曾给予正面报道。创智农园在社区居民中也颇受欢迎与喜爱，调查问卷显示居民满意度高达93.48%（图3-23~图3-25，表3-7）。

创智坊社区始建于2006年，随着时间推移，社区空间不断衰落，社区整体活力不足。而创智坊社区北侧有一块规划为街旁绿地的边角地，由于地下有污水管线穿过，该空间长期未得到有效利用。创智坊社区开发企业瑞安集团希望通过对该边角空间的更新以提升环境品质并激发社区活力，充分发挥绿地空间的美学、生态、社会、科普等多重价值，故委托多家设计单位及运营团队对其进行建设与运维，建成后命名为"创智农园"。

图3-23 创智农园区位图

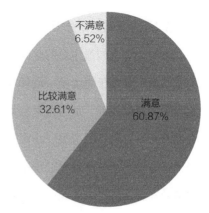

图3-24 满意度调查

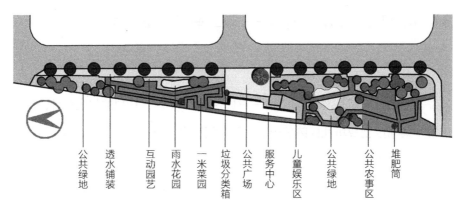

公共绿地　透水铺装　互动园艺　雨水花园　一米菜园　垃圾分类箱　公共广场　服务中心　儿童娱乐区　公共绿地　公共农事区　堆肥筒

图3-25　上海创智农园平面图

上海创智农园基本概况	表 3-7
地址	上海市杨浦区五角场街道伟康路129号北侧
空间面积	约2100平方米
正式运营时间	2016年7月7日
空间功能	服务中心、活动广场、公共农事区、儿童游戏区、互动园艺区、一米菜园、雨水花园、堆肥以及厨余垃圾收集设施等
实施主体	绿化管理部门、街道办事处、投资企业、设计团队、运营团队等

3.4.2　空间更新分析

上海创智农园最主要的空间更新特征是生态性与互动性。生态性表现在两个方面，一是基于海绵城市设计理念，在农园中配置透水铺装、雨水花园、雨水收集等海绵设施，加强雨水收集与利用，增加生物多样性；二是在农园中设置堆肥、垃圾收集及分类、小温室等环保设施，促进绿色循环。互动性表现在居民可以参与到空间建设过程中，如为儿童提供涂鸦墙、轮胎花园等设施，为种植爱好者提供一米菜园、公共农事体验区等，实现人与空间、自然的良性沟通（表3-8）。

上海创智农园空间分析　　　　　　　　　表 3-8

调查项	设计说明
项目选址	社区闲置边角绿地更新再利用
设计理念	基于都市农业的设计理念，修复生态环境的同时促进社区融合
功能分区	农园中间地带是公共服务建筑和公共活动广场，其余地块为公共农事区和半公共农事区
尺度色彩	农园占地狭长，植物色彩随着季节变化而不同
细部处理	儿童涂鸦墙、废弃轮胎、透水铺砖等

3.4.3　实施与运营分析

（1）政府层面

上海市杨浦区绿化管理部门在政策保障、指标核准、活动基金等方面为创智农园的实施提供了许多支持；五角场街道通过政府购买服务，将空间的运营交由专业团队负责；此外，创智坊居委会在创智农园的发起与组织方面也发挥了重要作用。

（2）居民层面

创智农园的居民参与主要体现在空间的共建共享方面。首先，农园中的部分墙面、轮胎花园等空间均由居民设计与建设；其次，农园中的部分地块的植物由居民负责种植和养护；然后，在运营团队的引导下，居民通过多种方式参与农园的日常管理与维护。

（3）第三方团队层面

创智农园的第三方包括规划设计团队与运营团队。设计团队充分考虑场地特征与社区活动需要、采用"都市农园"的理念，打造层次丰富的农场式绿色空间，促进生态修复、社区激活以及人与自然的互动。运营团队包括四叶草堂和方寸地两家机构，四叶草堂是主体运营方，负责农园的日常维护、活动组织、参访接待、常规服务、科普公益、认养管理等；方寸地负责组织农夫市集活动，为居民展销特色农产品。此外，第三方团队运用自身优势，链接更广泛的社会资源为农园服务，发挥了良好的社会作用。

（4）运营管理

创智农园根据空间功能采用"免费"和正常收费两种方式。公共服务中心提供餐饮、咖啡、会议等常规服务，收取正常费用。关于农事体验，28块一米菜园的租赁价格为2400元/（m²·年），其余部分均为公益性质的公共种植体验区。农园的自然教育课程也收取相应的活动成本费用。

运营团队依靠自身专业的自然知识与社区营造能力，以创智农园为平台，展开形式多样的公共活动，如科普教育、专业沙龙、农夫市集、花园展、生活展、植树节、植物漂流、公益活动、露天电影等，促进居民与居民、居民与自然的相互交流，发挥自然生态和人文关怀的双重作用。

3.4.4 居民使用情况调查分析

（1）人群基本信息（图3-26）

（2）使用频率和时长调查

根据调查问卷显示，创智农园对社区居民有比较高的吸引力，虽然大多数

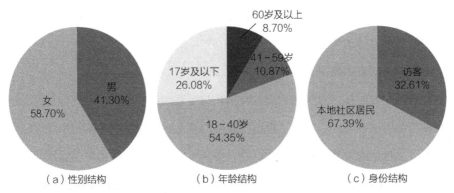

（a）性别结构　　　（b）年龄结构　　　（c）身份结构

图3-26　创智农园受访者基本信息
注：本地社区指半径1公里以内的社区

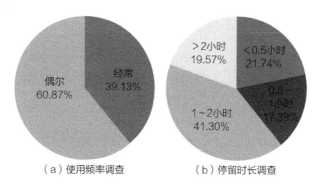

（a）使用频率调查　　　　　（b）停留时长调查

图3-27　创智农园受访者使用频率及时长调查

受访者偶尔才去创智农园，但停留时间较长（图3-27）。

（3）最受欢迎的空间

根据问卷调查，居民来到创智农园的最主要目的依次是休闲健身、参加活动、种植体验、亲子教育、社交聚会等，最受居民欢迎的空间是农园服务中心、公共活动广场、互动园艺区、沙坑游戏场、公共农事区等，体现了居民对于绿色空间共建共享的认可（图3-28）。

（4）受访者活动时间分布调查

由于创智农园的空间层次及活动类型比较丰富，在区域范围内也有一定的影响力，导致参访人群也比较多，故不同人群的使用时间存在着不确定性。一般而言，中老年人的活动时间以晨练、饭后散步为主，儿童及家长则受农园活动、植物养护、学校下课时间等因素影响，一般出现在放学后及周末节假日，青年人由于生活方式多元，故在使用时间上存在着较大的随机性。

（5）受访者的喜好空间调查

创智农园的以"都市农业"为设计理念，兼顾各年龄段的空间需求，调查显示不同年龄段的居民均能在农园中找到自己喜爱的空间，同时由于农园活动的多样性，导致空间使用人群构成比较多元，相对实现了空间的平等和共享（图3-29）。

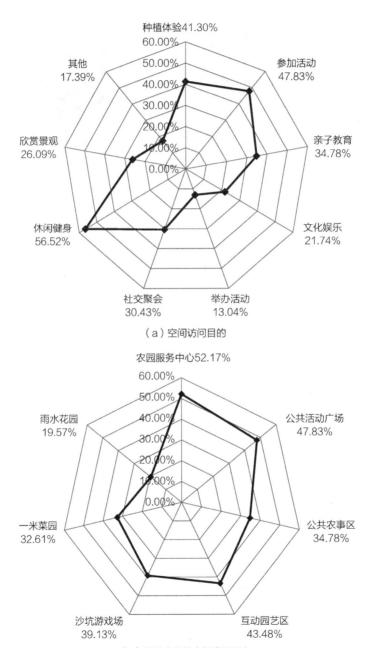

（a）空间访问目的

（b）最受欢迎的空间类型调查

图3-28　创智农园最受欢迎的空间调查

（6）上海创智农园成立的意义调查

根据调查问卷统计，社区居民认为创智农园建成意义的排序依次是：提升空间品质（78.26%）、丰富公共活动（71.74%）、共建共享绿地（60.87%）、促进邻里交流（56.52%）、增加亲子互动（52.17%）、培养儿童兴趣（43.48%）、提高社区资源效率（39.13%）等。

调查结果说明，创智农园的建成不仅可以提升社区景观环境，而且对于推动社区绿地共建共享，促进邻里或亲子之间的沟通和交流等也具有一定的积极意义（图3-30）。

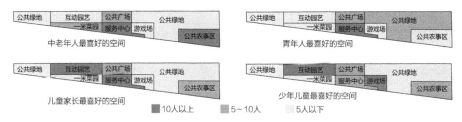

图3-29　受访者喜好空间调查

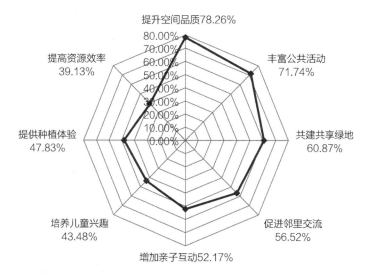

图3-30　上海创智农园建成意义调研

3.4.5 "共享"经验

上海创智农园通过共建共享的理念，积极引导社区居民参与农园的种植与养护，并进行科普教育，使得社区绿地空间不仅具有生态价值，而且更具人文色彩（图3-31）。

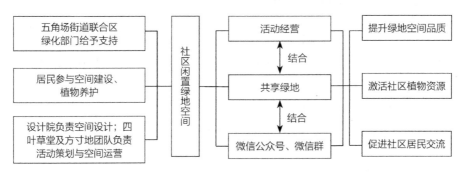

图3-31 上海创智农园实施机制

（1）引导公众共建空间

共享文明的城市应是一个共建的社会，社会各成员应积极为城市建设和空间生产贡献力量，通过"共建"实现"共享"。在上海创智农园案例中，政府、企业、社区居民、学校、设计与运营团队等多元力量均在不同层面参与农园空间的生产。政府为农园建设提供政策与物资的支持，企业提供资金并打造企业特征的微花园，大学生与设计运营团队则为农园的设计、运营、管理提供技术服务。最重要的是，社区居民不仅没有像一般社区更新案例中仅停留在协商与决策阶段，而是亲身投入到空间建设之中，居民中的设计师彩绘部分墙面，律师出资打造"律草园"，少年儿童在轮胎花园中种植、养护植物，种植爱好者认养一米菜园中的作物，这些均是居民参与空间建设的体现，由于空间建设者非固定、可更换，所以创智农园一直处于"建设时"。因此，创智农园不仅有景观欣赏价值，更为社会成员提供了相互协作及与自然互动的机会。

（2）共享景观与园艺

共享的社区环境应体现在社区资源与技能的共享，通过居民之间分享生活物资或专业技能，增加居民之间交流的机会，增强社区凝聚力和归属感。创智农园的"共享"则主要体现在植物景观与园艺两个层面。在植物景观层面上，创智农园的运营团队鼓励社区居民将自家植物移栽到农园中，成为景观的一部分并与其他居民分享；一米菜园则为居民深度体验农耕提供机会，成为居民共享种植的"试验田"；轮胎花园则由运营团队指导儿童参与种植与养护，成为儿童之间分享喜悦的"快乐田"。在园艺层面上，创智农园的运营团队与居民分享种植的专业技术，并且定期举办自然科普课程、专业沙龙、专业培训等活动，使居民更积极、更有效地参与农园建设与管理（图3-32）。

（3）活动策划及"互联网+"

为了实现创智农园的可持续发展，开发企业确定了两家主要运营团队对场地进行运维管理及活动策划。运营团队通过策划丰富多彩的活动，打造品牌工程，扩大农园影响力，实现多层次的资源共享。如举办自然课堂、社区公开课、农夫市集、公益活动、露天电影、Mapping工作坊等满足居民的多元文化

（a）一米菜园　　　　　　　　　　　　　（b）轮胎花园

图3-32　创智农园中共建共享的景观（摄于2019年）

需求，并吸引更大区域内的市民在空间上集聚，提升农园的共享价值。此外，创智农园的运营团队充分运用"互联网+"，进一步打破空间的时空局限，扩展农园的共享范围。目前，创智农园已利用微信公众号、微信群、微博、微店等互联网手段进行活动宣传，农园植物的认养则通过网络平台报名，为更大范围内的市民共建共享绿色空间提供平台。

其他新建型社区更新案例简述

2000年以后的新建社区，虽然居住环境较好，但邻里关系较为破碎。近年来，在佛山、唐山、宁波等地新建社区中，通过利用社区闲置或利用率不高的空间，打造共享小屋、共享绿地、共享厨房等共建共享的社区平台，成为社区邻里关系升温的引擎。在这些案例中，以居民为主体的多方参与以及社区存量空间的激活利用是共同特征。

（1）广东省佛山市禅城区"共享APP+共享小屋"是探索建设共享社区以重建社区邻里生态的典型模式，受到人民日报、新华社、南方日报等多家媒体的关注，并荣获2018年"全国社会治理创新十佳案例"。截至2019年，禅城区社区资源共享空间已建成150多处，"和谐共享社区"APP注册人数已达8万多人。怡景丽苑小区是禅城区共享社区示范点之一，位于禅城区石湾镇街道，建成于2000年，属新建型社区，但居民结构复杂，利益诉求多样。2019年1月，在政府、社区居民及社会力量的共同参与下，社区将一处闲置十多年的玻璃小屋更新改造成社区资源共享空间，为居民分享闲置物品或技能提供平台。线下，居民可将闲置物品放入资源共享空间内并共享资源，线上可通过共享APP，实现资源与需求的精准对接，线上线下的共享联动不仅方便了居民生活，也使得社区闲置资源成为居民交往的纽带。据悉，社区以资源共享空间为阵地，引入第三方机构，举办助老、家庭、教育等多类活动，创造了熟人社区氛围，形成了"共建、共治、共享"的良好格局。

（2）河北省唐山市兴泰里建成于2012年，属于回迁房小区。2014年，为了改善小区的绿化情况，一些居民自筹资金在楼间空地自建小花园，美化了社区环境并赢得一片赞许。自此，在街道与社区的支持下，越来越多的居民投入到花园的种植、养护与管理之中，截至2017年，居民自建花园数量已达7处，为居民交流提供了优质场所，促进了邻里和谐。兴泰里共建共享花园的模式也已成为周边社区效仿的榜样。

（3）浙江省宁波市鄞州区兰园小区建成于2014年，属环境品质较好的现代化小区，但同样存在"邻里相见不相识"的问题。近年来，为改善邻里关系，居民、社区、物业、企业等多方联合，将一处约50平方米的办公存量用房打造成"共享厨房"，在共享厨房里，居民经常一起切磋厨艺、共享美食、举办幸福家宴，拉近了邻里间的距离。兰园小区通过共建厨房共享美食，慢慢消除了邻里间的沟壑，逐渐走向"熟人社区"，为建设更加和谐的社区筑实了基础。

3.5 共同更新成效分析

截至2018年12月，本书所详细调查的三个案例均已运营一年以上。通过问卷调查，居民普遍认为，通过将社区闲置空间营造成共享空间，社区空间品质得以提升，并从不同层面改善了社区人文生态，促进了多方参与及社区闲置资源的高效利用，较好地实现了更新目标。三个案例均已成为当地社区的特色品牌，为解决目前我国社区更新存在的问题提供了有益经验。

3.5.1 共享理念对社区空间的升华
首先，前文三个案例均将社区中衰败、闲置废弃的空间进行了积极的更新改造，通过调查问卷显示，分别有60.87%、51.11%、78.26%的受访居民认为，北京地瓜社区、北京白塔寺社区共享客厅、上海创智农园在更新改造完成后，社区空间品质有所提升。

其次，共享理念的运用也提升了空间的内涵。北京地瓜社区成为社区平等、温馨、好玩的共享地下空间，满足居民多元活动的需要；北京白塔寺社区共享客厅成为邻里之间共享生活的重要场所，重新建立起老街坊之间的邻里情；上海创智农园通过营造共建共享的绿地空间，普及了生态知识，促进了邻里、家庭之间的感情。由此可见，共享理念使得传统的物质空间向承载居民交流、娱乐、休闲、学习等日常生活的重要场所升华。

3.5.2　共享理念对人文关怀的促进

通过调查问卷，在三个更新案例中，"共享"理念与社区更新的结合产生较好的人文价值，主要表现在以下方面。

（1）促进邻里复兴

前文三个案例在更新改造前，均不同程度存在着"邻里相见不相识"的问题，而随着更新改造的完成，分别有65.22%、68.89%、56.52%的受访者认为邻里关系有所改善。探析其原因主要是："共享"理念不仅满足了空间及物质资源分享的需求，同时也满足了社会交往、认同感和归属感等心理文化的需求①。通过社区各种要素"共享"可以重构人际关系和社区信任体系，促进社区的公平正义②。共享经济通过互联网平台整合社会闲置资源，让陌生人与陌生人之间建立联系，如果将类似的"共享"模式运用到社区更新层面会更有社

① 陈晶，何俊芳. 社区共享经济促进社区融合的趋势及机制——以北京S社区共享生活为例［J］. 城市观察，2017（5）：100–109.
② 蔡丹旦，于凤霞. 分享经济重构社会关系［J］. 电子政务，2016（11）：12–18.

会学意义。因为现代社区居民之间缺少生活轨迹上的交叉及交流的契机。通过社区更新，营造共享空间，带动并承载社区资源与公共活动共享，为居民之间的交流提供纽带，打破居民之间的陌生感，建立相互信任，促进社区邻里复兴（图3-33）。以北京白塔寺社区共享客厅为例，通过厨房、客厅及文化活动的共享，增加邻里间的见面机会，并以此为基础，促进相互了解及信任，使得逐渐瓦解的老街坊关系得以重生。

（2）对特殊人群展开关怀

前文三个案例均从不同角度显示出对特殊人群的关怀，以北京地瓜社区为例，由社区"能人"家长为儿童开设四点半兴趣课，由运营团队举办社区老年人共享生日宴，成为"幼吾幼以及人之幼"以及"老吾老以及人之老"的典范（图3-34）。这种方式具有较好的社会人文意义，因为我国已进入老龄化社会（图3-35）和全面二孩时代，社会需要更多的力量去关爱老年人和儿童。"共享"理念内涵之一就是要满足各年龄段的需求，实现平等包容。社区是实现养老和育儿的重要空间载体，但是一些已建社区存在着老年人和儿童服务空间及设施不足的问题。因此，应运用"共享"理念，使社区空间更富弹性和多

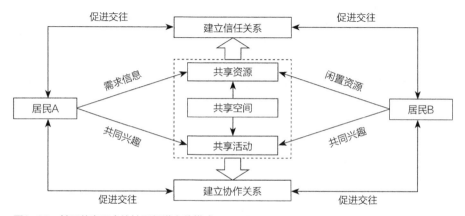

图3-33　基于共享理念的社区促进交往模式

（a）北京地瓜社区儿童"共享兴趣课"　　　　　（b）北京地瓜社区老年人"共享生日宴"

图3-34　北京地瓜社区对儿童、老年人的关怀
资料来源：北京地瓜社区团队提供。

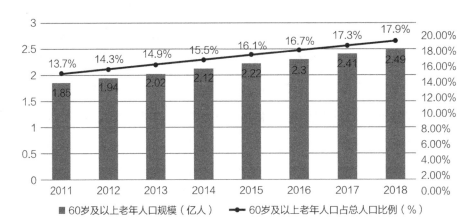

■ 60岁及以上老年人口规模（亿人）　━●━ 60岁及以上老年人口占总人口比例（%）

图3-35　我国60岁及以上老年人口规模与比重统计
资料来源：国家统计局. 中华人民共和国2018年国民经济和社会发展统计公报［R］. 2019.

元化，兼顾各年龄段空间需求，打造真正意义上的社区共享空间。此外，在社区层面分享居民的闲置劳动力和技能，是实现社区"共享"的方法之一，其意义不仅可以服务普通居民，也可为老年人和儿童提供更方便、及时的服务，形成"共享养老""共享抚幼"的社区氛围。

（3）对居民生活的关注

前文三个案例均从不同角度显示出对社区生活的关注，北京地瓜社区关注

儿童上下学、节庆、生日宴等生活事件；北京白塔寺社区共享客厅关注日常做饭、邻里聚会、文化活动等生活需求；上海创智农园关注居民的种植、养护、园艺等生活兴趣。而根据前文关于国外的共享居住社区的研究，在共享居住社区中，居民之间除了共享生活空间以外，还会共同照料儿童、分担家务、进行餐饮娱乐等，互相分享日常生活用品，形成共享的生活方式。通过生活共享，有效地降低了社区能耗以及居民的生活开支，为居民节约更多的时间，并提高了整个社区的资源循环利用①。

因此，将"共享"的理念运用于社区更新中，打造共享的生活空间，营造共享生活机制，推动形成居民共享生活的氛围，降低生活压力，可弥补现有社区更新模式对居民生活关注不足的问题。

3.5.3　共享理念对更新方式的推动

前文三个案例均非单一力量参与社区更新工作，而是均体现政府、居民、社会团队的多方参与，这种更新格局具有积极的示范意义。因为目前我国社区更新工作以政府主导的模式还较为普遍，对政府的运营成本造成较大压力，并且居民更新的主动性丧失，被动接受更新结果，造成一些更新项目的不可持续性②。"共享"理念的引申义为"共建"，运用到社区更新中，意味着不仅一种力量参与更新活动，而是旨在为居民、社区工作者、社会团体等非政府力量提供参与的机会，其本质是以"共建"模式推动真正的"共享"，因此，基于共享理念的社区更新会推动政府、居民、社会力量等多元主体共同参与的更新格局，转变传统社区更新中参与力量较为单一的模式。

---

① 张睿. 国外"合作居住"社区研究［D］. 天津：天津大学，2011.
② 童妙. 社区营造模式下戴家巷社区更新研究［D］. 重庆：重庆大学，2016.

3.5.4　共享理念对社区资源的激活

社区资源包括物质资源（物质空间、生活物品等）和人力技能资源等。首先，前文三个案例均是将社区闲置的空间资源进行激活从而形成共享空间，然后以共享空间为依托，进一步激活社区中的生活物品资源或人力技能资源等。北京地瓜社区鼓励居民将闲置的茶叶、书籍、特殊技能等资源与其他居民共享（图3-36）；北京白塔寺社区共享客厅激活了社区"老物件"，使街坊邻里共享历史记忆；上海创智农园激活了社区园艺爱好者，并引导其为农园服务。

因此，"共享"理念激活并可以使社区资源按需分配，实现资源的高效利用，打造绿色生态的生活环境，社区更新引入"共享"理念可一方面平衡市场资源的分配不均、弥补社区公共服务设施配套的不足、降低资源的供给压力；另一方面减少资源的浪费，培育居民绿色生活与社区协作的意识，促进资源节约型、环境友好型社会的建设。

图3-36　北京地瓜社区居民闲置物品分享活动
资料来源：北京地瓜社区团队提供。

3.6　共同更新特征分析

3.6.1　概述

本书所调查研究的三个基于共享理念的社区更新案例虽在"外在形式"上有所不同，但"内在机制"却具有一些共同的规律和特征。概况来说，三个案例均是在政府、居民、社会团队等多方参与的基础上激活社区存量空间，并结合活动经营与互联网平台营造社区共享空间，以提升社区空间品质、激活社区资源和修复人文生态（表3-9、表3-10，图3-37）。

三个案例社区类型、人口特征分析　　　　　　　　表 3-9

案例名称	社区类型	人口特征	更新空间
北京地瓜社区	20世纪老旧社区	北漂居多、各年龄段比较均衡	地下空间
北京白塔寺社区共享客厅	历史文化保护社区	原住老年人口居多	建筑空间
上海创智农园	新建混合型社区	中青年白领及创业人群居多	绿地空间

三个案例共同特征比较　　　　　　　　表 3-10

共同特征			地瓜社区	白塔寺共享客厅	创智农园
多方参与	公众参与		由居民投票决定主要功能	社群活动由居民自组织	居民参与空间建设与管理
	政府支持以及购买服务		街道办事处联合民防管理部门给予支持	街道办事处联合民政管理部门给予支持	街道办事处联合绿化管理部门给予支持
	专业的第三方团队运营		地瓜团队	熊猫慢递团队	四叶草堂及方寸地团队
社区共享体系	存量空间更新	闲置空间	闲置地下空间更新利用	闲置办公空间更新利用	闲置绿地空间更新利用
		小微尺度	560平方米	60平方米	2000平方米
		空间包容与开放	体现在更新前期：通过居民投票确定地下空间的主要功能，满足居民的多元需求	体现在更新后期：通过丰富的社团活动类型、庙会与文化记忆等吸引多元的居民	体现在更新中期：通过空间建设的共同参与、互联网平台的使用等实现空间共享

续表

共同特征		地瓜社区	白塔寺共享客厅	创智农园
社区共享体系	共享资源	共享茶叶、书籍及社区人力技能	共享厨房、美食及社区记忆	共享景观植物与园艺
	共享生活	关注儿童照顾、节庆、生活物资共享	关注烹饪、饮食等日常活动共享	关注"种植"这一日常兴趣的共享
活动经营		节庆活动、生日祝福、创意节、艺术节、业余培训等	庙会以及文笔、书画、编织、舞蹈等社团文化活动	以自然教育、植物栽培、园艺培训、农夫市集等为主
互联网平台		微信公众号、微信群	微信群	微信公众号、微博等

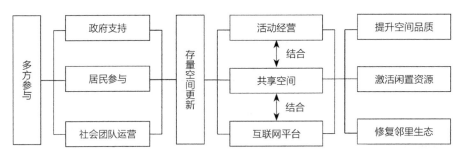

图3-37　基于共享理念的三个社区更新案例共同的机制

3.6.2　存量空间的更新再利用

　　三个案例均是基于社区闲置或存量空间的更新再利用，使无人问津或环境品质较差的空间重焕生机，而并不是空间或设施的增量更新，因此空间成本较小。此外，这些存量空间尺度均处于不超过2000平方米的小微级别，类似于城市针灸，与大拆大建的更新模式截然不同。空间的功能也均体现出包容开放的特征，考虑了不同年龄段的空间需求。

　　此外，分析前文（表3-1）所列的其他案例，94%的案例体现出闲置、存量或利用效率不高的空间更新特征，97%的案例体现小微尺度更新特征，100%的案例体现包容开放的特征，居民使用空间不受身份限制。

3.6.3 政府、居民、第三方团队共同参与

三个案例均体现政府、居民、第三方团队的多方参与：

①均是政府购买服务的项目，由街道办事处、社区居委会联合各专业部门给予资金、场地或政策的支持；

②均能体现公众参与或居民自组织特征，如居民决定空间功能、居民自组织活动、居民参与空间建设等；

③均有专业的第三方团队运营，维持空间的健康秩序或收支平衡，成为空间可持续运转的关键因素。

此外，分析前文（表3-1）所列的其他案例，100%的案例体现出政府支持或搭台的特征，表现在购买社会服务、提供场地和资金、调动社会资源、组织协调工作等方面；71%的案例体现公众参与或居民自组织，包括空间决策、空间建设以及空间管理和活动组织；68%的案例体现第三方的介入，包括空间设计、空间管理、空间运营维护、居民技术指导等。

3.6.4 以活动经营空间

三个案例均根据所更新的空间类型，营造丰富的社区公共活动，涉及文化、艺术、科普、公益等多类型，使空间焕发持久的生命力。地瓜社区运营团队以社会学为基础，通过对居民的调研分析，组织举办了如分享社区故事，创意节，艺术培训，居民包粽子、做月饼，社区儿童生日宴等类型活动，为居民交往提供良好的集中平台；北京白塔寺社区共享客厅功能之一就是为社区居民提供聚会以及社团活动场地，促进"老街坊"之间的交流；而上海创智农园的活动更为精彩，涉及科普、公益、娱乐、设计等多种类型，针对人群也较为广泛，如面对全市范围内的植树节、Mapping工作坊、公益活动、农夫市集等，促进更大范围内的空间共享。

3.6.5 互联网平台的运用

三个案例均通过微信公众号、微信群或微博等网络平台，扩大空间的影响力，实现线上与线下的互动。其中北京地瓜社区运营团队通过微信公众号宣传公共活动、志愿者、新闻等信息，使社区居民及时了解"地瓜"动态；北京白塔寺社区共享客厅则主要通过居民的微信群，实现活动信息的及时传递；上海创智农园运营团队则通过微信公众号、微博、微店、微信群等多种类型的网络平台将农园的使用人群扩展到更大的市域范围，不仅吸引了更多的市民，也吸引了一些企业的注意力，实现了更大范围的"共建共享"。

3.6.6 社区共享空间的营造

营造社区共享空间是三个案例的核心议题。通过将共享理念融入社区存量空间的更新设计中，形成丰富多彩的社区共享空间，并以共享空间为基础，促进社区资源与活动的共享（图3-38），形成了一种新型的交往空间，助推社区"升温"。

社区共享空间是基于共享理念的社区更新的主要目标，其主要机制包括设计的共享性、运转的共享性、溢出的共享性，体现"共享"理念平等包容、资源分享、共商共建的内涵（图3-39）。

（1）空间设计的共享性

基于共享理念的社区空间更新，针对的是社区全体居民，尽可能照顾居民的多元需求，植入居民感兴趣和最需要的功能，提高空间对居民的吸引力，使

图3-38 共享空间与共享活动、资源的互动关系

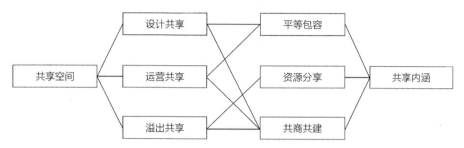

图3-39　共享空间机制分析

空间能够真正地服务于居民的日常生活。在空间设计之初，就要充分调研居民意见，组织协商，由居民决定更新方向和主要功能；在空间设计之中，要充分调动居民的积极性，居民有能力参与的更新事务应由居民参与，使空间设计更具开放性；在空间设计之后，应积极组织居民参与空间的管理，降低空间管理成本。此外，"互联网+"社区共享空间可以进一步打破空间的使用界限，能让更多的居民获得使用空间的机会。

（2）空间运营的共享性

基于共享理念的社区空间更新，并不是一时的，而是动态可持续的，这就需要空间能够健康、可持续地运营，能够长期为居民提供共享服务。在此过程中，专业的第三方团队就会发挥重要的作用。首先第三方团队所具备的专业知识能提高空间环境质量，也能引导居民健康、有秩序地使用空间；其次，第三方团队处于政府与居民之间的纽带地位，能更好地将双方的信息进行传达，使空间的利益关系处于和谐的状态；最后，由于第三方团队更"接地气"，能更容易了解和接近广大社区居民，使居民感到亲切，也使空间的运营工作更顺利的展开。

（3）空间溢出的共享性

由于社区共享空间为居民组织多元活动、共享生活提供了一个很好的平台，所以会链接到更多居民或社区资源参与社区共享，使社区共享空间产生资源共享、活动共享、生活共享等溢出效应。例如，有些共享空间为居民分享生活物品或人力技能提供场所，基于空间平台，使得社区资源能够按需分配，体现资源配置的共享性；有些共享空间为居民分享多样的文化活动提供场所，使得空间更具魅力，能够吸引更多的居民参与活动，体现社区活动共享性；有些空间为居民分享美食、厨艺、娱乐、聚会等日常生活提供场所，使共享空间更具生活气息，体现生活的共享性。因此，在共享文明时代，"社区共享空间"比"社区传统公共空间"含义更加丰富，更符合社区可持续发展的需要。

3.7 本章小结

（1）通过对我国相关实践案例的整体认知，共享理念对历史型、老旧型、新建型等不同类型社区的更新均有较好的适用性。相关案例显示，通过"共享"理念与社区存量空间更新的结合，会产生7种空间类型，即社区共享客厅、共享绿地、资源共享空间、共享书屋、共享厨房、共享地下空间、共享设施（共享洗衣房、共享健身仓、共享娱乐中心、共享公共服务设施）。

（2）通过对北京地瓜社区、北京白塔寺社区共享客厅、上海创智农园三个较为成熟的案例进行分析，在实施机制层面呈现出"存量更新利用、多方参与、活动经营、互联网平台"的共同特征，即在政府、居民、社会团队等多方参与的基础上激活社区存量空间，并结合活动经营与互联网平台共同营造社区共享空间，以提升社区空间品质、激活社区资源和修复人文生态，为解决我国社区更新目前存在的问题提供了有益经验（图3-40）。

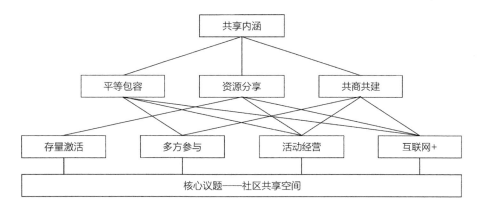

图3-40 三个案例的共同实施机制分析

第 4 章　更新策略研究

本章根据前文的案例研究，从总体更新、空间详细营造两个层面进一步探讨基于共享理念的社区更新策略，为下一章的应用研究提供参考。总体更新层面根据前文三个成熟案例所体现的共同特征，结合相关理论作详细阐述。空间详细营造层面结合具体案例，对每一种类型的社区共享空间进行详细介绍。最后提出更新工作的具体流程。

4.1　总体更新策略

根据理论研究，基于共享理念的规划实践多关注于"存量利用""公众参与""活动导向""互联网技术"等手段。而对三个成熟案例调查研究，也共同呈现了"存量更新利用、多方参与、活动经营、互联网平台"的更新实施特征。基于此，本书认为基于共享理念的社区更新总体策略也应对上述手段予以回应。

4.1.1　空间层面——存量激活

（1）理论依据

根据前文的理论研究，"共享"与"存量"具有紧密的联系。共享经济模式就是以社会存量资源为重要的供给基础，并通过所有权与使用权分离，促进资源的高效利用，成为共享经济与其他经济模式显著不同的特征之一[①]。在英

①　郑联盛. 共享经济：新思维，新模式［J］. 现代企业文化（上旬），2017（06）：52-54.

国，共享经济的发展推动了伦敦东区的厂房、仓库、老建筑、停车位等存量空间资源的高效利用，提升了土地资源的综合价值[①]。而共享城市的建设重点就是充分利用与再分享城市既有存量资源，实现物尽其用，如韩国首尔的共享城市建设就将激活公共设施的闲置空间作为重要内容[②]。

基于此，激活社区存量资源应是基于共享理念的社区更新的主要切入点，而社区中闲置、废弃、品质较差、利用效率较低、未充分利用的存量空间即是最主要的靶向空间。

（2）存量激活策略

根据前文的案例研究，社区室内、室外、地上、地下、建筑、开放空间等未充分利用的公共空间均属存量空间，均可进行更新与改造，空间选取应以"小""微"为主，通过"针灸"的方式进行激活，因为小尺度的存量空间具有较低的空间成本，空间利益者易于协调，可操作性较强。此外，存量空间的激活要为社区中闲置生活物资或人力技能的激活提供平台，通过共享空间的营造链接更广泛的社区闲置资源，扩展更新的范围及广度，提高对社区资源利用系统的整体影响力。

4.1.2 实施层面——多方参与

（1）理论依据

根据前文的理论研究，"共享"与"共建"具有辩证关系，"共建"是"共享"的前提，"共享"是"共建"的目的[③]，与"权力"和"义务"的关系相对应，

---

① 秦静，周君. 共享经济对英国伦敦东区城市更新的影响作用［J］. 规划师，2017，33（S2）：203-208.
② 知识共享韩国. 首尔共享城市：依托共享解决社会与城市问题［J］. 景观设计学，2017，5（03）：52-59.
③ 张娅敏. 论"共建共享"思想的哲学基础［J］. 中共四川省委党校学报，2007（03）：77-79.

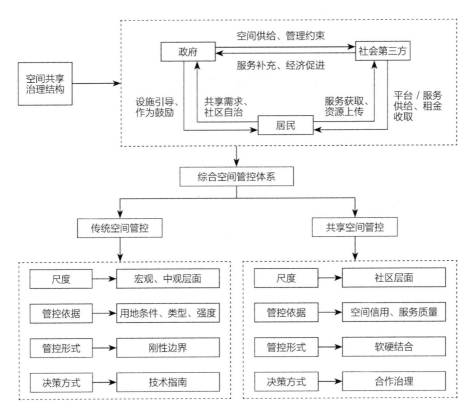

图4-1 基于共享理念的空间治理结构
资料来源：聂晶鑫，刘合林，张衔春. 新时期共享经济的特征内涵、空间规则与规划策略［J］. 规划师，
2018，34（05）：5-11.

在享有权力的同时，也应履行相应的义务。因此，基于共享理念，城市规划及
空间治理应是多方参与的过程，让更多群体共享城市空间治理权①（图4-1）。

同理，社区更新的受益群体也应是社区更新的实施主体，因此，调动所有
利益相关者参与社区更新的积极性是基于共享理念的社区更新的重要支撑条
件。其中，居民是最大的受益群体，也应是重要的实施主体，要充分唤醒居民

---

① 聂晶鑫，刘合林，张衔春. 新时期共享经济的特征内涵、空间规则与规划策略［J］. 规划
师，2018，34（05）：5-11.

作为社区更新的重要劳动力及资源提供者的角色，而不仅仅停留在更新决策与协商的过程，这也是与其他类型更新模式相比的不同点。政府在以往的社区更新实践中一般会占据最主导的地位，对管理成本造成较大的压力，在共享时代，政府应将更多的建设责任转移给居民或其他社会力量。而社会第三方团队是社区更新中日益兴起的公益力量，他们在社区更新中虽没有直接的利益关系，但发挥着越来越重要的作用。

（2）政府层面建议

城市政府所代表的是最广泛的公共利益，目的是让城市全体成员共享改革发展成果。城市社区更新是城市共享发展的关键环节，目的是使居住环境不佳的居民能享受现代化的生活，共享美好的城市居住环境。城市政府是城市社区更新的重要推动者及更新平台的搭建者，确保最大化的社会效益、经济效益及环境效益，保障项目的公平、公正与合法。

目前，我国城市政府正向治理现代化转变，在社区更新过程中，已逐渐改变过去的主导地位及包揽事项过多的情况，把不应由政府承担的职责逐渐转移给市场或社会组织，而政府更多的功能是服务、引导与监督。在基于共享理念的社区更新过程中，政府层面的实施建议如下：

①政策支持，完善为社区更新提供经费、人才、技术和信息等方面支持的政策措施，引导更多的社会力量参与社区更新；

②协调社区更新所涉及的发改、自然资源与规划、住建、民政、绿化等多个部门，配合解决社区更新的问题；

③购买社会服务，将更新项目的运营交由专业化的社会团体和组织，提高服务质量，改善社区更新治理方式，保障居民的多元需求；

④整合资源，发挥政府综合信息平台的优势，优化公共资源配置和利用，发挥公共资源的最大效益；

⑤提供场地支持，梳理社区内的闲置空间资源，在土地与空间功能、使用权属变更等方面提供服务。

此外，根据前文的案例研究，城市社区更新过程中，街道办事处的作用至关重要，负责联系上一级的区（县级市、县）政府以及下一级的社区居委会，发挥着中坚力量。

（3）居民层面建议

"共享"理念的引申义是"共商"与"共建"，居民在享有城市权利的同时也应承担相应的建设责任与义务。基于共享理念的社区更新，不仅使居民参与空间的决策阶段，更应引导居民参与空间的设计、建设与管理。当居民从简单的空间使用者的身份转变为空间的决策者、建设者、管理者时，空间的共享才会更好地实现。

目前，在我国社区更新过程中，政府的作用在逐渐减弱，第三方力量在逐渐加强，而居民力量仍有较大的开发与提升的空间。而且居民的广泛参与以及利益需求的合理表达，有利于促进更新项目的满意度和综合利益最大化，保障社区更新质量，使居民能够真正共享社区更新带来的"红利"。因此，要充分运用社会学、管理学、大数据等方法，提高居民参与的组织水平，丰富居民参与形式，扩大居民参与范围，加强居民参与深度，引导居民参与社区更新的各个阶段（表4-1）。

（4）第三方团队层面建议

第三方团队指具有专业技术和社会公益属性的社会团体、民间组织、大学、设计院等非政府组织，是政府和居民之间沟通的重要桥梁。过去的社区更新模式多由政府主导、自上而下，缺乏社会力量的协调机制，导致社区更新项目的社会价值不足。"共享"理念下的社区更新应是社会全体成员参与的过程，理应包括除政府、居民之外的第三方组织。我国第三方团队正在蓬勃发

基于共享理念的社区更新各阶段居民参与形式与建议　表 4-1

更新阶段	内容	居民参与形式与建设
更新前	项目立项	信访、电话或网络申请、人大代表反映等
	前期调查	问卷调查、访谈、座谈会等
	方案设计	共同缔造坊、现场与网络投票、听证会、设计咨询等
更新中	空间建设	引导居民参与空间建设的互动，如彩绘墙、空间装饰、植物空间营造等
	施工监督	居民代表现场监督
更新后	运营管理	提高居民的自主管理意识，运用微信群、公众号、App等网络空间为居民参与空间管理提供平台
	活动组织	培育多样化的社团，提高居民社区活动自组织能力
	意见反馈	反馈咨询会、满意度调查等

展，团队的类型不断丰富，成员的学历背景、专业技术、奉献精神等服务水平不断提升，参与社会治理的热情不断高涨，成为参与社区更新的有益支撑条件。

　　根据对前文的案例借鉴，第三方团队在社区更新项目中的空间设计、活动策划、场地服务、运营管理等方面都发挥了不可替代的作用，而且第三方组织更容易贴近居民的日常生活并建立良好的信任与沟通基础。在北京地瓜社区、上海创智农园等案例中，同一个团队不仅参与了空间设计，而且后期仍继续主持或参与项目的策划、管理与运营等，体现出对第三方团队的服务综合化要求越来越高（表4-2）。

第三方团队在基于共享理念的社区更新中的作用分析　表 4-2

作用	目标	团队类型	作用体现
空间设计	塑造良好的空间形态	社区规划师；规划、建筑、景观、环艺、市政等设计机构；大学	将居民的多元需求融入空间之中，组织居民参与方案评选

续表

作用	目标	团队类型	作用体现
沟通协调	实现政府与居民间的良好沟通	根植于社区的民间组织、社会团体等	广泛收集居民意见并传递给政府;将政府的政策信息传递给居民
活动组织	激发社区活力、丰富居民生活	专业机构、教育培训组织、艺术团队、活动策划公司等	举办社区邻里节、艺术展、专业讲座、工作坊、文化娱乐活动等
场地服务	维持良好的空间秩序与环境	志愿者服务团队;公益组织等	场地卫生、咨询指引、使用权管理或预约登记等
运营管理	收支平衡、项目的可持续发展	专业化的运营团队或组织	维持项目的收入、支出相对平衡,保障长期运营

目前,我国许多城市建立并实施"责任规划师"制度,责任规划师是典型的第三方人员,通常以街道(镇、乡、片区等)为单位,由政府以团队的形式进行聘任,主要任务是以第三方身份介入城市与社区的规划设计、更新改造、管理等工作,为政府提供专业咨询与技术服务,并积极引导居民参与。未来,责任规划师的制度化会为"共享"理念在社区更新中普及与实施提供坚强保障。

4.1.3 运营层面——活动导向

(1)理论依据

根据前文的理论研究,"活动"是促使空间服务更多元人群,实现空间更大范围"共享"的重要手段。针对城市中已有的公共空间,通过活动预设和主题细化,实现空间服务的细化及多样化,提高空间使用效率的同时提升空间的魅力及活力[①]。而城市共享空间规划设计的关键点是从传统的功能导向转变为

---

① 符陶陶. 共享经济时代,城市公共空间新玩法 [EB/OL]. (2016-06-09)[2019-03-16]. https://mp.weixin.qq.com/s?__biz=MzA3MTE4Mzc5OA==&mid=2658450837&idx=3&sn=8f0849347 70fa9439e80da7f3c8a5f2d&scene=21#wechat_redirect.

活动导向，打造可以容纳差异化活动的弹性空间[①]。此外，西方"共享社区"有一个典型特征，即经常组织举办以"共享"为主题的社区活动，其中最具代表性的是"共享晚餐"（shared evening meals），社区居民各显身手，共同准备食物，不仅对凝聚社区情感起到重要作用，而且也可以关爱低收入人群，降低了居民生活成本[②]，体现社区的包容与共享。可见，"活动"的营造对于促进社区与空间的"共享"具有积极意义。目前，随着生活及科技水平的提高，居民对社交化、体验化的社区活动需求不断高涨，对社区空间的规划设计与运营提出更高的要求。

因此，基于共享理念的社区更新不仅要在空间策划与设计阶段考虑差异化活动的需要，而且还需要在空间更新完成后，以空间为基础，继续进行活动的经营，以保障更新成果的持久生命力。

（2）活动组织策略

社区活动类型涉及文化、艺术、交友、科普、教育、公益等多种类型。而以"共享"为主题的社区活动可以为社区居民分享物质资源、技能和生活提供集中的机会，有利于激发社区活力，促进邻里间的相互了解以及互帮互助。依托社区共享空间，定期的共享活动还可以提高空间利用效率，形成具有生活属性的空间场所。目前，国内已有许多社区进行了有益尝试，居民在获得生活便利的同时也增进了邻里情感。根据活动中所共享资源的类型，可以将活动形式分为三类（表4-3）。

---

① 赵四东，王兴平. 共享经济驱动的共享城市规划策略 [J]. 规划师，2018，34（05）：12-17.
② 王晶. 共享居住社区：国际经验及对中国社区营造的启示 [G] //中国城市规划学会，沈阳市人民政府. 规划60年：成就与挑战——2016中国城市规划年会论文集（17住房建设规划）. 中国城市规划学会，2016：11.

社区共享主题活动类型与案例　　　　　　　　表 4-3

活动类型	内容	相关案例
共享闲置物品	以居民二手或闲置物品交换为主	北京天通苑社区会定期举办"跳蚤市场"活动，其宗旨是"以物换物，互惠互利"，为社区居民解决闲置物品存放的问题提供交易平台，使资源利用更加合理
共享技能	以居民的技能特长分享为主	上海凉城街道打造共享技能社区，居民可以根据自己的技能特长开展培训活动，居民既可是教师也可是学生，平均收费较外面相关机构至少便宜三分之一，甚至有些项目免费
共享生活	以居民的生活分享为主，如社区邻里节等	北京市丰台区云西路社区举办共享饺子宴，通过居民与社区志愿者、管理者、企业等共同包饺子，促进社区共建共享

4.1.4　技术层面——互联网+

（1）理论依据

根据前文的理论研究，互联网是城市发展的重要变革力量，对市民、城市空间、公共生活产生深刻的影响。"共享"是互联网时代的重要关键词，代表着公正、平等、个性、强调联系的社会逻辑[1]。互联网具备典型的共享特征，首先在互联网世界里人人平等，其次"互联网+"可以有效解决社会资源分配不合理、不均等问题，最后互联网重新定义时空关系，弱化"距离"及"区位"的概念[2]。共享经济的快速发展也得益于互联网的相关技术，实现供需关系的快速及精准匹配。此外，共享社区的营造中，也将"互联网+"作为整合并分配社区空间、物资、人力等线下资源的重要手段，促进社区资源共享。

---

[1] 何凌华. 互联网环境下城市公共空间的重构与设计 [J]. 城市规划，2016，40（09）：97-104.

[2] 陈虹，刘雨菡. "互联网+"时代的城市空间影响及规划变革 [J]. 规划师，2016，32（04）：5-10.

而目前，我国的互联网技术及网民数量均位居世界前列，渗透到城市生活的方方面面，也成为社区生活的重要影响和推动因素，有学者对北京海淀区某社区的微信共享经济活动进行过调研，该社区居民通过微信平台，使闲置物品月成交数近400笔，成交额9万余元，在居民得到实惠的同时也增进了邻里情感，增加了线下空间的交流活动，提高了居民社区工作的参与度，促进了社区融合①。所以，基于共享理念的社区更新应积极将"互联网+"作为基础技术工具。

（2）"互联网+"思维运用策略

在信息化时代，将互联网思维运用到社区更新是必然趋势。为更好地体现社区更新的"共享"性，要将互联网思维运用到社区更新的各阶段，利用互联网的高效、便捷、智能的优势，促进空间、信息、资源、社区生活的全要素共享。

在社区更新项目前期，可利用网络问卷平台、网络投票、微信群、微信公众号等互联网形式进行居民意见的采集与分析处理，为社区更新策略的详细制定提供基础资料与数据。在社区更新项目过程中，可利用互联网宣传并引导居民参与空间施工与建设。在社区更新项目完成后，互联网的作用要发挥更大的作用：一是通过互联网建立社区更新反馈机制，收集各方面的意见，不断完善更新项目；二是通过营造社区专有的网络共享空间，建立社区空间、资源、信息等要素的供给与居民的需求精准匹配机制，促进社区全要素共享，使社区线下生活与线上活动充分融合；三是借助互联网开放性的优势，为居民参与社区建设与治理提供网络平台。

---

① 陈晶，何俊芳. 社区共享经济促进社区融合的趋势及机制——以北京S社区共享生活为例 [J]. 城市观察，2017（5）：100-109.

4.2　社区共享空间详细营造策略

4.2.1　社区共享空间营造目标、内涵与类型

（1）社区共享空间发展历程探析

社区空间改善是社区更新的核心议题，涉及居民的日常生活及社会交往。共享理念与社区空间结合，会使得传统公共空间向共享空间转变甚至是"回归"（表4-4）。因为我国自古就有社区共享空间，在北京四合院、赣南围屋、福建土楼等传统居住空间中，私人起居空间与邻里共享生活空间（如厨房、书房、洗衣房、厕所等）各占据一部分，通过生活空间共享，邻里之间产生了较为稳固和谐的关系，成为高度共享的社会，这便是社区共享空间的原始形态①。而现代以来，城镇化和市场经济快速发展，现代化的居住小区迅速蔓延，其特征是私人住房单元面积较大，设施较齐全，基本满足住户的生活需

社区共享空间发展历程　　　　　　　　　　　表 4-4

阶段	原始期	瓦解期	复兴期
特征	每个居住单元，包括若干户居民，共享共用生活设施或空间	每户居民拥有一个居住单元，生活设施较为齐全，传统社区共享空间面临瓦解	通过社区更新，社区共享客厅、共享厨房、共享书屋等新型共享空间不断涌现
代表	四合院	商品楼社区	社区共享客厅
示意图			

资料来源：图片为作者自摄于 2020 年、2020 年、2019 年。

---

① 袁佩桦. 结缘的社会与空间——共享空间在中国居住建筑中的发展 [J]. 建筑与文化，2019（02）：70-71.

求，社区中不再需要共享的生活型空间或设施（如厨房、书房、洗衣房、厕所等），导致社区共享空间面临瓦解，这样的弊端是减少了人与人接触的契机。2015年以来，随着共享发展理念的提出以及互联网+、社会创新风潮、共享经济的兴起，通过社区更新手段，社区共享客厅、共享厨房、共享书屋等社区共享空间又如雨后春笋一般，走向复兴，不仅使社区空间品质有所改善，而且为社区生活和邻里关系带来更多的可能性，起到了对社区空间升华的作用。

（2）社区共享空间营造目标

社区共享空间的营造目标是通过社区存量空间的更新再利用提升社区空间品质、提高社区资源利用效率、促进社区建立稳固的邻里关系。

（3）社区共享空间营造内涵

根据前文关于共享空间的研究，透视目前社区建设中存在着的空间问题，社区共享空间营造的本质内涵应体现在以下方面（表4-5）：

社区传统公共空间与社区共享空间的对比　　　　　表4-5

对比项	社区传统公共空间	社区共享空间
服务人群	集体概念的居民	差异化的居民个体
营造方式	自上而下	自下而上
空间功能	较为单一	富有弹性
运营主体	社区居委会或物业	第三方团队
空间形式	以线下空间使用为主	线上空间与线下空间互动
使用方式	流动性较差	使用权可预约、资源可分享

①社区共享空间更加关注居民的差异性，通过多种手段，满足儿童、青年、中老年等多元人群以及多时段的使用需要；

②共享空间的营造方式是政府、居民、社会力量等多方参与的自下而上的模式，其中居民是重要的空间建设者及资源提供者；

③类似共享经济模式，共享空间的使用权可以通过某种中介平台按需分配，或者空间所承载的资源可在居民之间相互分享；

④社区共享空间与社区线上平台形成良好的互动，通过网络平台链接更广泛的社区资源，打破空间使用的时空局限，让更多的居民有机会接触到共享空间；

⑤社区共享空间的功能更具弹性，可容纳丰富的社区活动，并通过活动的营造进一步提升空间的场所魅力，为居民分享生活提供载体。

（4）社区共享空间类型

根据前文的理论与案例研究，笔者将社区共享空间类型分为4大类，12小类（表4-6）。除网络共享空间外，其他类型共享空间的营造共同点均是将"共享"理念植入不同类型的社区存量空间资源。为了更好地说明营造策略，本节将对不同类型的社区共享空间分别进行探讨。

社区共享空间类型　　　　　　　表4-6

大类	小类
社区共享建筑空间	社区共享客厅
	社区资源共享空间
	社区共享书屋
	社区共享厨房
	社区共享地下空间
社区共享绿地空间	综合型共享绿地
	特色型共享绿地
社区共享网络空间	移动型共享网络空间
	网页型共享网络空间
社区共享设施	日常生活类设施
	公共服务类设施
	社区家具类设施

4.2.2 社区共享建筑空间营造策略

4.2.2.1 社区共享客厅

（1）概述

社区共享客厅以为社区居民提供多元化的"公共交往"与"日常生活"空间为主要特征，是"共享"理念平等、包容、开放的内涵与社区公共服务设施结合的空间体现。我国许多社区将存量空间改造成社区共享客厅（表4-7，图4-2、图4-3），对凝聚社区情感产生积极作用，也体现出社区居民对社区共享客厅较高的需求。社区是居民的大家庭，本应需要一个类似居家布局的"客厅"以供居民交流会客，而《城市居住区规划设计标准》GB 50180—2018将社区公共服务设施分为教育、医疗卫生、文化体育、商业服务、金融邮电、社区

典型社区共享客厅更新案例基本概况 表 4-7

城市	社区（区位）	空间来源	运营时间	面积	主要功能	活动策划
北京	西城区新街口街道宫门口东岔81号	闲置办公用房	2017	约60平方米	共享厨房、茶座饭桌、居民手工艺展示柜等	文笔、光影、缝补、劳作、编织、京剧票友等
上海	黄浦区北京东路850弄宏兴里	闲置活动室	2017	约60平方米	休憩桌椅、餐厅、书屋、活动室、阳台等	读书会、包饺子、居民联谊活动、居委会活动等
上海	普陀区阳光水岸苑小区	闲置仓库	2019	约156平方米	便利店、社区厨房、儿童空间、养老服务、健康服务、教育培训、快递服务等	儿童沙龙、剪纸、跳舞、艺术培训、养生课堂等
上海	徐汇区康健新村街道寿昌坊社区	废弃托儿所	2017	约760平方米	接待区、沙发、多功能厅、餐厅、老少乐动室、阳台花园等	亲子活动、书法、插画、剪纸、老年记忆课堂等

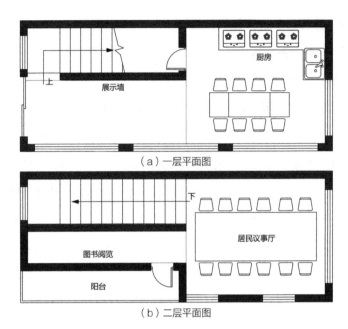

（a）一层平面图

（b）二层平面图

图4-2 上海宏兴里社区共享客厅平面图

图4-3 上海寿昌坊社区共享客厅平面图
（注：客厅位于该建筑的一层，二层为社区养老设施）

服务、市政公用及行政管理等八项基本内容，忽视了对社区居民社会交往活动及日常生活的关注，而传统居住区配套中"社区活动室（站）"与"社区共享客厅"功能最为接近，但二者还存在较大差异，因此，社区共享客厅是解决社区中交往功能设施不足的有效空间形式（表4-8）。此外，通过前文的研究，社区共享客厅更类似于国外共享居住社区中的"共享屋"，是社区的生活中心。

社区传统活动室与社区共享客厅的对比 表4-8

对比项	社区传统活动室	社区共享客厅
空间功能	以文化、阅读等活动为主	以居民交往、日常生活功能为主
服务群体	以需要文化类活动的居民为主	以需要公共生活活动的居民为主
运营主体	多由居委会主持运营	多由第三方团体主持运营
建设过程	自上而下	自下而上
服务形式	多是线下服务	互联网+线下服务
空间效益	以提升社区文化为主	以促进社区居民共享生活为主
活动内容	以文化类活动为主	文化+生活类活动为主

（2）营造策略

社区共享客厅营造的主要目标是为社区中各年龄段的人群提供交往与活动空间。在空间来源上，应积极将社区中闲置的办公用房、仓储、公共设施、地下室等存量型空间进行更新改造。在建筑立面设计上，应体现"通透"感，使其更显包容与开放性（图4-4、图4-5）。在功能布局上，要充分体现所属社区的人口特征、文化特色与生活习惯。社区共享客厅不仅要满足社区居民的日常交往和生活需求，也要为居民的"私人订制"提供服务，提高空间的弹性，可通过网络平台或现场预约的方式预定空间的使用权，使得空间使用权能够错时

图4-4　北京白塔寺社区共享客厅（立面通透）
（摄于2019年）

图4-5　北京某社区活动室（立面封闭）（摄
于2019年）

分享，让更多居民享有空间服务。此外，为了实现空间健康，可持续地服务居民，应积极引入第三方团队参与客厅运营。

（3）功能策划

根据我国一些已建成的案例，并参考国外共享居住社区中的"共享屋"的建设经验，社区共享客厅的主要功能应突出"公共交往"与"日常生活"，可辅助文化、娱乐、休闲等功能（表4-9，图4-6）。

社区共享客厅建议功能　　　　　　　　表 4-9

功能类型	功能介绍
社交类	形式多样的桌椅、茶座、沙发等休憩设施
生活服务类	便利店、厨房、餐厅、助老服务、健康服务、快递服务等
文化类	社区文化展示、共享书屋、文化类教室、文印等
娱乐休闲类	电影院、儿童玩具等
硬件设施	WiFi、饮用水、休闲食品、自动售卖机、自助充值缴费机、智能榨汁机、智能咖啡机、公共厕所等

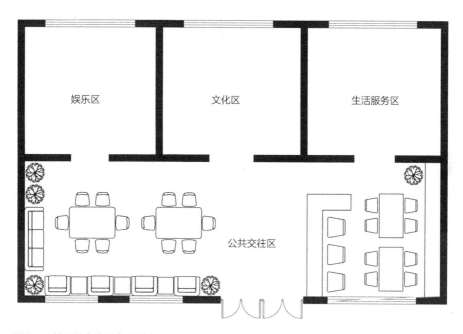

图4-6　社区共享客厅布局示意图

4.2.2.2　社区资源共享空间

（1）概述

　　社区资源共享空间是为社区居民分享闲置物资、生活物品与人力技能等提供集中平台的公益性空间，是共享理念资源分享内涵的空间体现，是最具共享经济特征的空间形式。通过居民之间相互分享资源的方式，引导居民互帮互助，打造社区共享生态链和绿色节约的生活方式，促进社区资源优化配置，满足居民日常生活需求，改善邻里关系并增加居民之间的相互信任。共享经济的产生与发展促使社会改变传统的物权观，逐渐降低了对资源所有权的关注，提倡以资源使用权为导向的生活方式。而社区资源共享空间是共享文明时期物权观念的空间体现，降低居民获得"所有权"的成本，为居民获得更多的"使用权"提供支撑，并通过"使用权"的分享，使资源利用率最大化。

为了更好地说明社区共享空间对于社区发展的重要性，笔者曾于2018年6月至9月期间通过实地走访及网络平台的方式对北京市居民展开问卷调查，调查对象尽可能覆盖不同类型的社区以及多元背景的居民（详细内容见附录一），以涵盖多元的认知。本次调查共发放问卷380份，收回有效问卷356份，回收率93.68%。

根据问卷调查（详细内容请见附录一），受访者家中闲置物品数量及类型均较多，且较为愿意与其他居民分享自家的闲置物品。但是仅有24.72%的受访者表示所在社区中存在资源共享空间，而81.46%的受访者希望所在社区中拥有资源共享空间，体现社区资源共享空间存在着较大的缺口。

因此，社区资源共享空间通过实体空间展示社区中的闲置资源或相关信息，以供有需要的居民借用，并为居民之间提供相互交流的契机，缓解现代城市社区中"邻里相见不相识"的不良现象。目前，我国一些社区已在积极探索社区资源共享空间的更新模式，为社区居民分享生活资源提供良好的平台（表4-10）。

典型社区资源共享空间更新案例概况　　　　　　表4-10

城市	社区	运营时间（年）	空间来源	共享资源类型
北京	西城区陶然亭街道南华里社区	2018	空间植入	图书、生活工具、雨伞等
佛山	禅城区祖庙街道同华社区	2018	闲置社区用房更新改造	生活用品、人力技能，以及义诊、义剪等公益活动
成都	天府新区正兴街道田家寺社区	2018	闲置小房屋更新改造	居家维修工具等
浏阳	淮川街道城东社区	2018	闲置社区活动室更新改造	书籍、居家工具、文具、玩具、体育用品等

（2）营造策略

首先根据社区空间现状合理选择资源共享空间的位置，可对社区中闲置的小房屋或公共建筑的小房间等进行更新改造，或以小型设施的形式植入社区公共空间中；其次，社区资源共享空间应引导全体社区居民贡献资源，可通过捐赠物品获得积分或换取奖品的方式鼓励居民共享资源。此外，为了资源共享空间的可持续运行，应做好居民登记注册等事项。

（3）功能策划

根据我国已运营的实际案例，社区资源共享空间以展示居民闲置物品、技能信息与公益活动等为主，可辅助配置休憩设施及交往空间（表4-11，图4-7）。

社区资源共享空间建议展示的资源类型　　　表4-11

类型	举例
物品类	图书、维修工具、玩具、家具、医疗器具等居民闲置生活物品
技能类	家电维修工、纺织、教师、医生、工程师等居民技能信息
活动类	以义诊、义剪、义捐等公益活动为主

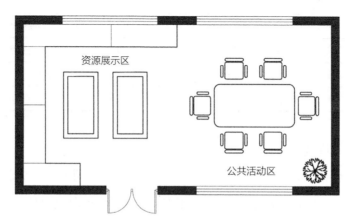

图4-7　社区资源共享空间示意图

4.2.2.3 社区共享书屋

（1）概述

社区共享书屋是社区资源共享空间的典型代表，是居民分享书籍、杂志、报刊等阅读类资源为主的公益性空间。共享书屋最早起源于美国的一些社区，居民自愿将闲置的书籍期刊放置家门口，与邻里分享阅读，而使用规则就是希望居民取走一本书的同时也能够留下一本书。根据前文的问卷调查，书籍是受访者家中闲置最多的资源，共享潜力及需求均较大。社区共享书屋通过书籍与阅读活动的共享，盘活居民家中闲置的书籍资源，满足居民多元的阅读需求，扩大了居民的阅读视野，提升了社区书香氛围，打破邻里间的交流局限。目前根据新闻报道，我国许多社区都在尝试共享书屋模式，建立邻里共享阅读的平台（表4-12），方便居民以书易书、以书会友。而且共享书屋的书籍不仅没有丢失或者损坏，数量与种类也在逐渐增加。

典型社区共享书屋更新案例概况　　　　　　　　　表4-12

城市	位置	运营时间（年）	空间来源
天津	河东区中山门街道互助西里社区	2018	废弃小屋更新改造
上海	黄浦区贵州西里弄社区	2017	废弃阁楼更新改造
上海	长宁区新华街道新华社区	2019	公寓闲置区域改造
成都	金牛区抚琴街道金鱼街1号	2017	闲置空地改造
江门	蓬江区白沙街道幸福馆	2018	闲置杂物间改造

（2）营造策略

根据已有的案例，社区共享书屋的更新形式主要是两种：一种是将社区中的闲置小屋、房间等更新改造，除了书架设施外，可辅助配置桌椅、沙发等阅读空间；另一种则是以小木箱、玻璃屋、墙壁改造等形式植入社区广场、绿地、街道、建筑公共区域等公共空间中。社区共享书屋的运行模式也主要是两种：一种是全自助的运行模式，图书的捐赠、借还均靠居民的自觉性，可通过捐赠图书获得奖励积分或奖品的方式激发居民积极性；另一种则是通过网络平台的管理，实现图书预约、租借的信息化运行。

（3）功能策划

社区共享书屋应以图书区和阅读区两个功能区为主，其中图书区可分为普通图书区（即通过公共渠道获得的图书资源）以及居民图书分享区（即居民资源捐赠、分享的图书资源）（图4-8）。

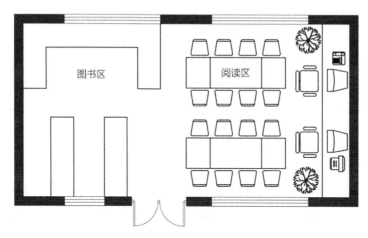

图4-8　社区共享书屋示意图

4.2.2.4　社区共享厨房

（1）概述

社区共享厨房以服务居民"食"的需求为主，为居民分享美食与厨艺提供新型公共空间。社区共享厨房或共享美食的形式是北欧共享社区的典型特征之一，由于居民对"吃"的普遍兴趣，使其对社区不同年龄、身份背景的居民均有一定的吸引力，通过厨艺和美食共享降低居民生活成本并促进居民之间的沟通交流。此外，社区共享厨房会促使传统邻里社会"大锅饭"的场景再现，可以为社区老年人提供餐饮服务，也可以为社区双职工家庭、工作忙碌的白领、少年儿童等提供生活便利。目前，我国一些社区已在积极探索共享厨房的更新模式，为社区居民共享邻里情与美食提供了良好的平台（表4-13）。

典型社区共享厨房更新案例概况   表 4-13

城市	社区	运营时间（年）	空间来源	功能
成都	郫都区郫筒街道双柏社区	2018	社区商业类建筑功能植入	免费厨具、代煮加热服务、用餐、美食共享、邻里聚会等
攀枝花	东区炳草岗街道民建社区	2017	社区中闲置民房更新改造	预约式定向服务，为居民提供办寿宴、子女生日、居民聚会等服务
常州	钟楼区南大街文亨花园社区	2018	社区公共建筑中闲置房间的更新改造	智能设备，主要为居民聚餐、敬老、亲子活动、展现厨艺等提供服务

（2）营造策略

首先应根据社区的具体情况规划布局社区共享厨房，可对社区中闲置的房屋与设施进行更新改造，或者以空间模块的形式植入现有的公共建筑之中；其次，社区共享厨房应向社区全体居民免费开放，体现公益性特征；最后，空间使用权应以预约的方式为主，体现公平性。此外，应加强社区共享厨房的使用管理，引入专业的社会团队或社区志愿者，提高居民的自治能力。

（3）功能策划

社区共享厨房应以用餐区和烹饪区两个功能为主，可配以厨具、餐具、微波炉、烤箱、冰箱、饮用水等硬件设施，有条件的社区可与蔬菜、生鲜超市等结合布置（图4-9）。

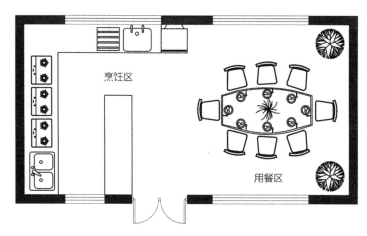

图4-9　社区共享厨房示意图

4.2.2.5　社区共享地下空间

（1）概述

社区共享地下空间指将社区中闲置的地下室、人防工程等进行公益性更新改造，形成居民共享的公共空间。将闲置的地下空间更新利用可以缓解社区地上空间紧张，弥补配套设施不足，改善社区生态环境。

而我国许多城市中，均有大量未充分利用的人防工程，以北京市为例，截至2013年9月，全市12217处人防工程中约六成存在着闲置、违规租用、管理混乱等问题[①]。在不影响战备的情况下将人防工程公益化利用，会给城市发展带来更多效益。2011年，北京市人民政府修改版的《北京市人民防空工程和普通地下室安全使用管理办法》指出，"平时使用人民防空工程应当优先满足社会公益性事业的需要，居住区内的人民防空工程应当优先满足居住区配套服务和

---

① 郭丹彤，吕淑然，杨凯. 北京市人防工程公益化利用存在的问题及建议［J］. 城市管理与科技，2015，17（02）：39–42.

社区服务的需要。"①2012年，北京市民政局出台《北京市人民防空工程使用规划指导性意见》，提出全市80%以上人防工程面积应突出公益便民的性质。

将共享理念融入社区闲置地下空间更新利用是实现地下空间公益化利用的途径之一。目前北京市开展相关探索较多，创造出许多经验做法与模式（表4-14）。

基于共享理念的北京社区闲置地下室更新案例　　　　表4-14

空间类型	位置	运营时间（年）	简介
共享活动空间	朝阳区安苑北里19号楼地下室	2016	将地下室打造成温馨、共享的社区活动中心，满足居民活动需求
共享文化空间	西城区牛街东里一区14号楼地下室	2015	将地下室打造成社区历史文化展示馆，承载社区居民历史记忆
共享仓储空间	海淀区交大嘉园3号楼地下室	2016	将地下室打造成智能共享的仓储设施，满足居民存储需求

（2）营造策略

相比社区地上空间及设施，地下空间的采光、通风、防潮条件都处于劣势，难免使人产生压抑感等心理不适。故社区地下空间的更新设计应加强尺度、色彩及细部的处理，营造舒适愉悦的空间感受，提高地下空间的吸引力与魅力，成为居民能"留得住"的公共空间。地下空间的单元尺度划分应有利于居民交往，为营造温馨愉悦的空间感受，地下空间的色彩应以红、橙、黄等暖色调为主。此外，应加强空间细部的创新设计，充分运用一些动感、时尚、富有个性的元素，增强地下空间的趣味性及亲切感。

---

① 徐生钰，陈璐，朱宪辰. 小区防空地下室产权与维护管理模式比较分析［J］. 地下空间与工程学报，2018，14（05）：1161-1169.

（3）功能策划

基于平战结合理念，在不影响战备情况，闲置地下空间的功能应与社区地上功能相互配合，以弥补地上设施的配套不足，主要功能的设置应听取居民的意见，体现以人为本。根据相关案例，社区共享地下空间的功能主要分为三类：共享停车空间、共享公共服务与公共活动空间、共享仓储空间（表4-15，图4-10）。

基于共享理念的社区闲置地下空间更新建议功能　表 4-15

类型	功能
共享停车空间	将地下空间布置共享停车位，可以缓解地上停车空间紧张，为居民留出更多绿化及公共活动空间
共享公共服务与公共活动空间	共享公共服务设施与公共活动空间应是社区限制地下空间的主导功能，除幼托、中小学、养老、医疗等对采光通风有硬性要求的公服设施外，其他的如社交、文化、娱乐、休闲、体育等设施均可布置在地下
共享仓储空间	在地下空间布置共享储物仓，满足居民存储居家闲置物品的需要，为居民室内居住环境留出更多的生活空间

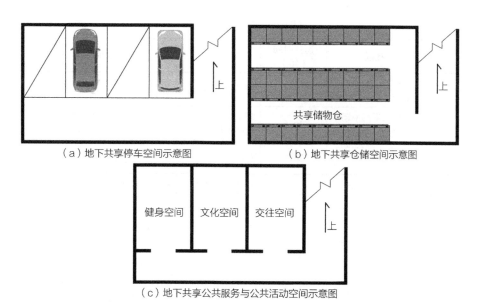

（a）地下共享停车空间示意图　　　　（b）地下共享仓储空间示意图

（c）地下共享公共服务与公共活动空间示意图

图4-10　社区共享地下空间布局示意图

4.2.3 社区共享绿地空间营造策略

社区共享绿地指的是社区居民可以参与种植、养护与管理的绿地、花园、菜园等公共生态空间，是"共享"理念共商共建的内涵与社区生态空间结合的物化体现。社区绿地的传统种植者与管理者是政府或社区物业，这种自上而下的建设管理模式导致社区绿地与居民的互动性较差。但不能忽略的是，社区绿地是居民唯一有能力参与建设和管理的空间形式。在城市建设进入共商共建共享的时代，要在保障社区绿地空间自然生态价值的基础上充分发挥社区绿地的人文社会价值，创新社区绿地的种植与管理模式，积极引导社区居民对绿地种植与养护的能动性，营造绿色共享的生活方式。在我国北京、上海、深圳、重庆等大城市的一些社区已积极尝试探索这种绿地空间生产管理模式，通过由社区提供场地和种植用品、组织评比、给予奖励等多种手段，鼓励社区居民积极参与，收到了良好效果，成为促进居民交往的"绿媒"（表4-16）。

典型社区共享绿地案例调查　　　　　　表4-16

城市	社区	运营时间（年）	空间来源	实施过程
北京	海淀区田村路街道西木社区	2017	废品回收站改造	街道和社区提供菜园场地，居民自愿认领、种植蔬菜
上海	杨浦区四平路街道鞍山四村第三小区	2016	环境品质不佳的公共地块	在专业组织指导下，发动居民将自家植物种植在花园中
深圳	龙华区观湖街道松元厦社区	2018	社区空地	鼓励居民认领约1平方米的社区空地，打造社区微花园
重庆	南岸区涂山镇福民社区	2016	社区居委会院内空地	社区提供场地，居民认领，并展开丰富的活动
成都	青羊区汪家拐街道文翁社区	2018	院内杂乱空地	在社区、企业、社工等支持帮助下，引导居民参与花园建设
成都	武侯区玉林东路社区	2018	社区破旧的小荒园	社区带头，居民众筹种子，参与种植与养护，蔬菜的收成共享
宁波	鄞州区下应街道洋江水岸社区	2018	社区草坪	在社区、专业团队、公司的帮助下，为居民家中多余的花草提供集中的养护空间

　　从居民的角度讲，由于不同年龄、身份的居民均有参与绿化养护的能力，所以通过社区共享绿地的建设，多元的居民群众均可公平享有绿地空间，老年人有了打发闲暇时间、展现园艺能力的平台；儿童可以更好地了解自然，培育他们的自然环保意识；社区家庭也可通过集体活动融升亲情，提升幸福感；流动人口可以更好地融入社区环境，提升社区归属感；居民之间也可通过相互切磋各家的园艺促进相互之间的交流。从社区角度讲，不仅可以降低绿地空间的管理成本，而且可以激发社区绿地空间的生命力。

　　社区共享绿地与社区传统绿地在空间功能、服务群体、管理主体、建设过程、空间效益、活动内容等方面均有所差异，其中最显著的不同是社区共享绿地是可以由居民参与建设及养护（表4-17）。

社区传统公共绿地与共享绿地的比较分析　　　　表 4-17

对比项	社区传统公共绿地	社区共享绿地
空间功能	以欣赏、游憩功能为主	以种植、养护、农耕功能为主
服务群体	全体居民	全体居民+种植爱好的群体
管理主体	居委会或社区物业	社区居民
建设过程	自上而下	自下而上，居民参与绿地种植与管理
空间效益	生态、美观	生态、美观、科普、共享的绿色生活
活动内容	以休闲类活动为主	以种植类、科普类活动为主

　　社区共享绿地营造的核心是鼓励居民参与绿地建设管理，要充分挖掘社区中闲置的小微空地、荒芜的绿地或环境品质较差的绿地，然后化整为零，将绿地分割成更小份的空间（约1平方米）交由居民自愿认领、养护、管理，并采取多种激励机制充分调动居民的积极性，打造共商、共建、共享的社区绿地空间体系。此外，可以邀请专业的企业、社会组织等对居民的种植活动展开指

导，维持绿地空间的健康秩序。共享绿地根据用地规模，可分为综合型共享绿地与特色型共享绿地两大类。

4.2.3.1 综合型共享绿地

综合型共享绿地是指社区居民可以参与种植、养护、管理的功能较为综合的公共绿地，不仅能为居民提供较为集中的园艺体验空间，而且具有丰富的活动场地或设施，适合于多元居民进行绿地的共建共享活动。为塑造尺度适宜的邻里交往空间，体现亲切宜人的空间特质并方便社区管理，综合型共享绿地面积不宜过大，以占地面积500~2000平方米为宜。综合型共享绿地应以公共种植或园艺体验为核心功能，并充分考虑社区多元居民的休憩游乐需要，针对儿童、老年人等特殊人群设置可参与种植体验的绿地，体现人文关怀与空间公平。借鉴国外共享社区的共享绿地建设经验，综合型共享绿地应设置雨水花园、雨水收集利用设施、垃圾回收利用设施等生态基础设施，体现社区生态环境的可持续性，有助于培育社区生态意识，引导居民共建共享绿色生活。此外，社区可以依托综合型共享绿地，开展丰富多彩的社区活动，如园艺培训、园艺体验与鉴赏、植物科普、植物认领、植物漂流等。

4.2.3.2 特色型共享绿地

特色型共享绿地是指社区居民可以参与种植、养护、管理的具有特定形式的公共绿地，包括宅前型共享绿地、口袋型共享绿地、食用型共享绿地等（图4-11）。特色型共享绿地应体现"微更新"方式，以"针灸"的方式对社区内的小微空地或边角空间进行改造激活。

（1）宅前型共享绿地

宅前空间与社区居民日常生活息息相关，是邻里交往的重要场所。而宅前型共享绿地就是要将居住建筑宅前屋后的绿地交由居民自愿认领、养护、管理，使之成为展现居民生活态度、促进居民相互交流与了解的生态人文空间。

需要指出的是，权利与义务是相互统一的，居民在享有建设宅前绿地权利的同时，也应该履行以下义务：

①需在专业人士指导下在指定的区域进行绿地设计、建设、种植、养护等；

②不宜加设围栏、栏杆等障碍物；

③不应改变宅前绿地的功能性质，不得改作他用；

④应设置为其他居民服务的休憩桌椅、景观小品等；

⑤应按时整理宅前绿地，保障绿地的干净、整洁、美观。

（2）口袋型共享绿地

口袋型共享绿地指挖掘社区巷尾、建筑边缘、角落等容易被忽视的边角微空间，打造居民可参与的小型种植区域，如共享园艺、一米菜园、共享花园等，进一步丰富社区共享绿地空间体系，协调居民与社区的关系，激励居民共建共享绿色家园，为居民交流、休闲、园艺体验等活动提供更多的共享平台。在植物配置方面，可选择一些易于栽培、管理且景观效果较好的"懒人"型植物，如多肉类植物、荷兰菊、大花金鸡菊、金光菊、蔷薇、棣棠、常春藤、蜀葵、大花萱草等。

（3）食用型共享绿地

食用型共享绿地是以可食用的果树、蔬菜为主要植物类型，并积极引导居

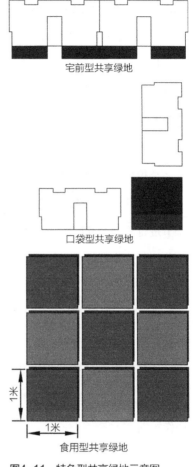

宅前型共享绿地

口袋型共享绿地

1米
1米
食用型共享绿地

图4-11　特色型共享绿地示意图

民共建共享的景观空间，不仅可以美化社区环境，而且可促进邻里交往及居民参与，具有生态、美学、经济、人文等多重效益。

可食用共享绿地应按照"一米菜园"的形式进行设计，种植池宽度控制在1～1.2米之间，种植池内部可按照30厘米的尺度划分小网格，使空间更整洁。种植池高度应设置不同的尺寸，以适宜各年龄段居民进行种植活动。种植池土壤厚度应视植物类型而定，果实与绿叶类植物的土壤厚度一般为20～25厘米，块茎类植物的土壤厚度一般为40～45厘米[①]。

因可食用的蔬果植物生长周期较短，因此，食用型共享绿地的植物可按照季节进行播种，并同时考虑植物的生长习性与观赏特性，兼顾食用性与环境的美化，营造丰富的感官体验。如在北方，春季可播种黄花菜、番茄、四季豆、茄子、黄瓜、辣椒、南瓜等，夏季可播种花椰菜、油菜、韭菜、芹菜、空心菜、苦瓜等，秋季可播种羽衣甘蓝、莴苣、西蓝花、小白菜、生菜等，冬季可播种菠菜、香菜、白菜、萝卜、雪里蕻等。

社区居委会及第三方团队应积极发挥组织与引导作用，如组织举办采摘节、种植培训、种植大赛、植物认领等活动，形成蔬果睦邻、共建共享的社区协作氛围。

4.2.4　社区共享网络空间营造策略

社区共享网络空间指运用互联网技术，针对特定区域的社区居民，为居民分享生活、共享资源以及参与社区治理提供线上平台。社区共享网络空间与其他社区空间更新的不同点在于，通过虚拟空间的营造服务于现实空间的居民生活。在社区更新中，区、街道、社区三级区域范围内的居民均可成为网络空间

---

① 一米菜园，是菜也是景！衢州掀起菜园革命［EB/OL］.（2019-10-22）［2020-06-16］. https://baijiahao.baidu.com/s?id=1648046970178984728&wfr=spider&for=pc.

的服务主体，通过政府与互联网公司合作，打造界面设计趣味美观、操作简易方便、服务内容多样、信息安全的网络共享空间。此外，要加强网络空间与社区线下空间的互动联系，基于互联网的优势，打破线下空间的时空局限，扩大线下空间的辐射群体，使居民更公平、有效、有序地激活并使用线下空间。

我国许多地区或社区通过微信群、微信公众号、App、社区论坛等多种形式打造服务于社区生活的共享网络空间，实现社区生活的线上线下互动，为社区居民网上办事、查询社区信息、分享闲置物品与技能服务等提供支撑，推动社区情感逐渐凝聚（表4-18）。

典型社区共享网络空间案例调查 表 4-18

网络空间类型	城市	面向地区	平台名称	运营时间（年）	功能
网络论坛	北京	天通苑地区	天通苑社区网	2003	二手物品交易、社区新闻、便民信息、交友、房屋租售、招聘求职等生活服务
社区App	佛山	禅城区	和谐共享社区	2018	闲置物品共享、人类技能共享、互帮互助、社区活动通知、社区事务、社区资讯等服务
	南京	建邺区兴隆街道	奥体智慧社区	2015	社区议事厅、社区新闻、养老、健康、办事指南、生活圈服务、社区活动信息等
微信公众号	上海	徐汇区枫林街道	枫林邻里汇	2017	社区活动预告、社区展览等
	广州	白云区白沙关社区	悦·共享	2018	社区志愿者服务平台
	重庆	渝中区石油路街道	社区E家	2018	共享停车、网上办事、社区新闻、社区政务、便民服务等
	南京	建邺区	五微共享社区	2017	智慧停车、党政新闻、民生诉求、项目公示、宣传表彰等
	长沙	雨花区	幸福雨花便捷生活	2018	共享设施、十五分钟生活圈电子地图、办事服务、便民查询、党政服务等

（1）移动型共享网络空间

移动型共享网络空间主要指安装在智能手机上的社区共享App或者微信公众号。以社区共享App为例，功能可包括共享生活服务（闲置物品共享、人力技能共享、空间及设施共享、停车共享等）、社区新闻（党建政务新闻、社区资讯、活动信息等）、便民服务（议事厅、网上办事、办事指南、预约、生活求助、健康、养老、招聘、房屋租售等）、社区交往等多样性的服务内容（图4-12）。

图4-12　社区移动型共享网络空间（社区共享App）示意图

（2）网页型共享网络空间

网页型共享网络空间主要指以"网站"形式呈现的信息平台。"天通苑社区网"（https://www.ttysq.com）是典型的网页型共享网络空间，为整合天通苑地区各类资源、服务天通苑地区居民生活以及促进天通苑地区的共建共享发挥了积极作用。网站的主要功能包括社区论坛、社区咨询、社区生活、社区商业、社区政务、社区自建等（图4-13）。

图4-13　天通苑社区网页面
资料来源：https://www.ttysq.com。

4.2.5　社区共享设施营造策略

4.2.5.1　共享日常生活类设施

（1）概述

共享生活设施是北欧共享社区的典型特征之一，将居民日常使用的生活设施集中布置在社区公共空间或公共建筑内，如共享洗衣房、共享健身房、共享手工坊、共享摄影室、共享音乐室等。通过生活设施共享，一是可以降低居民的生活成本以及社区的能源消耗，二是增加居民相互见面的机会，为邻里交流创造更好的条件。目前我国仅有少量的社区开展相关实践，未来还需更多的探索（表4-19）。

（2）更新与运营策略

共享生活设施的规划布局要充分考虑所在社区的居民需求，解决居民生活

典型社区共享生活设施更新案例调查　　　　表 4-19

类型	城市	位置	运营时间（年）	空间来源	功能
共享洗衣房	上海	黄浦区承兴小区	2017	低效率的设施用房更新改造	洗衣、晾衣，兼顾休憩功能
共享健身仓	兰州	城关区兰监小区	2018	未充分利用的小广场更新改造	跑步机、单车、力量器械、更衣间等
共享娱乐中心	无锡	梁溪区映山华庭	2019	小区街角空间更新改造	娱乐设施，需微信预约、扫码进入

中的痛点问题，特别是在历史文化街区、老城区等地段，由于居民的居住面积有限，可在社区中集中布置一些共享生活设施，方便居民生活的同时也为邻里交流创造契机。此外，要制定合理的运营计划或盈利模式，实现共享生活设施的可持续发展。

4.2.5.2　共享公共服务类设施

（1）概述

共享公共服务设施是指社区境内或周边的单位机关、学校、文体场所、公益机构等公共服务设施闲置时期的停车位、多功能厅、活动室、体育场地、厕所等空间资源，通过"错时"开放共享的方式，与居民的日常活动需求相结合，使居民更好地享受城市生活的便利。由于许多公共服务设施存在着"非工作"时间，造成一部分空间资源闲置，而居民对这些闲置空间又有一定的需求，故通过公共服务设施在非工作时段的开放共享，一是可以提高空间的利用效率，发挥空间的最大效益；二是可以为居民群众增加公共空间或设施的供给，满足居民对公共空间或设施日益增长的需求。

韩国首尔是最早将"共享"理念体现在公共服务设施层面的城市。韩国首尔"共享都市"计划的中的一项重要内容就是将全市行政、教育、文化、医疗、体育、社会福利等公共设施中的报告厅、停车位、礼堂、教室等空间在闲置时段开放给居民使用，并将相关闲置空间的信息录入网络共享平台，居民可根据需求"按图索骥"，这种做法也弥补了社区公共空间供给不足的问题。

我国长沙市雨花区也积极探索将区域内机关单位的停车位与文体设施、学校的文体设施、养老机构的活动类设施、公共设施内的厕所等开放共享，并将公共设施内闲置空间的位置、联系电话、开放时间等详细信息录入雨花区生活圈电子地图，实现空间的按需分配。

因此，传统公共服务设施与共享公共服务设施在空间功能、服务群体、运营主体、运营时间、服务形式、空间效益、活动内容等方面均有所差异（表4-20，图4-14）。

传统公共服务设施与共享公共服务设施的对比 　　　表4-20

对比项	传统公共服务设施	共享公共服务设施
空间功能	以本设施的功能为主	本设施功能+居民日常生活功能
服务群体	本设施工作、学习、办事的居民	全体居民
运营主体	本设施管理	本设施管理+网络平台分配资源
运营时间	以工作日时间为主	全天候运行
服务形式	多是线下服务	"互联网+"线下服务
配置方式	传统规划模式、自上而下	基于"互联网+"，可以按需分配
空间效益	以提升公共服务水平为主	提升公共服务水平+便利居民日常生活
活动内容	以本设施内部活动为主	本设施内部活动+居民公共活动

（2）营造策略

共享公共服务设施与其他社区共享空间的不同点在于将社区中存在的活动及生活空间匮乏问题在更大的区域范围内解决。根据社区的居民需求及周边公共设施空间类型、规模、工作时间等合理确定开放共享计划。此外，应积极运用"互联网+"等信息技术，将公共服务设施内部可共享空间的类型、规模、

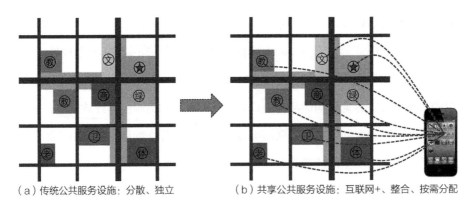

（a）传统公共服务设施：分散、独立　　　　（b）共享公共服务设施：互联网+、整合、按需分配

图4-14　传统公共服务设施与共享公共服务设施的对比

位置、开放时间等详细信息录入微信公众号、移动App等网络平台，打造共享空间的网络数据库，实现闲置空间的秩序化与信息化管理，进一步打破空间使用的时空局限，使居民更简易便利地掌握闲置空间的动态信息，为居民的日常生活与活动提供更多的空间选择。

（3）功能策划

在不扰乱公共服务设施日常运转的情况下，错时利用设施内部的闲置空间，不同的公共服务设施会有不同的可错时共享的空间类型（表4-21）。

公共服务设施可错时共享空间类型　　　　　　　　　表4-21

设施类型	可错时共享的空间
中小学等教育设施	体育场馆、厕所、文化类教室等
机关单位等办公设施	停车位、食堂、办公室、会议室、多功能厅等
文化类、展览类设施	停车位、厕所、多功能厅、文化类空间等
养老机构等社会福利设施	活动室、图书馆、健身设施等
医疗设施	停车位、厕所等
交通设施	停车场

4.2.5.3　共享社区家具类设施

社区家具型共享设施指的是为社区居民日常生活服务的公共家具，如共享快递柜、共享洗衣机、共享橱柜、共享冰箱、共享储物仓、共享书架、共享唱吧、共享WiFi设施、共享充电设施、共享应急设施等。社区不同类型的共享空间应根据居民需要及功能要求，合理配置社区家具型共享设施，以进一步提高社区的共享化程度。未来随着共享经济与智能技术的深入融合，越来越多的社区家具型共享设施将会出现，也会使越来越多的社区及居民享受"共享"带来的便捷。

4.3　更新工作流程设计

4.3.1　前期准备环节

（1）挖掘社区存量空间：对社区的空间使用现状做全面的梳理，挖掘社区中闲置、使用效率不高或环境品质不佳的空间，如闲置的办公用房、闲置地下室、闲置仓库、杂乱无章的公共绿地、废弃小屋、废弃的市政设施等。

（2）打造共商共建平台：基于共享理念的社区更新需要社会广泛参与，集合政府、居民、规划师、建筑师、社会团体、公益组织等多方力量，打造线上及线下的社区更新工作平台，如微信群、公众号、社区更新工作室等。

（3）调研社区居民需求：充分掌握居民的需求是的基于共享理念的社区更新根本前提，通过调查问卷、网络投票、访谈等多种手段，倾听居民意见，了解居民需求，选取需求最突出或反映最多的意见作进一步的研究。

4.3.2　方案设计环节

开放更新设计工作：针对前期的居民调查研究以及社区的环境现状，开展开放式的空间设计工作，即通过工作坊、设计竞赛等方式引导更多的居民、社区工作者、社会力量等共同参与方案的讨论与设计工作。

4.3.3　方案实施环节

（1）争取多方资源支持：社区更新涉及人员、资金、设备、施工等繁杂的问题，需要更广泛的社会或居民资源给予支持，有效动员社会力量，会为社区更新提供有力资金支持或建设活动保障。此外，也要充分动员居民的力量，通过众筹或居民共建的方式提高更新项目的社会人文价值。

（2）落实社区更新方案：将已达到广泛共识的设计方案落实到位，明确实施标准、实施人员及实施途径，建立相应的监督机制。在实施人员方面，应尽量调动居民的积极性，居民有能力完成的建设事项应为居民留有发挥的空间。

（3）招募项目运营团队：项目的后期管理及运营对于保持更新项目的持久生命力至关重要，这就需要招募专业和富有社区情怀的运营团队，发挥架构政府与居民之间的沟通桥梁、动员居民参与社区更新活动的作用。

4.3.4　运营管理环节

（1）建立项目反馈机制：社区更新项目落实以后，应再次组织居民及社会力量对项目进行评估反馈，将居民的意见和建议进行综合和分析，及时做出相应的修改。此外，基于共享理念的社区更新是一个动态的过程，应将更新项目的评估反馈机制常态化。

（2）加强项目运营管理：依托运营团队及居民的自主力量，提高项目运营和管理的水平，包括维持空间使用秩序、项目收入与支出的相对平衡、场地卫生，以及组织策划共享主题活动等，保障项目的可持续运营（图4-15）。

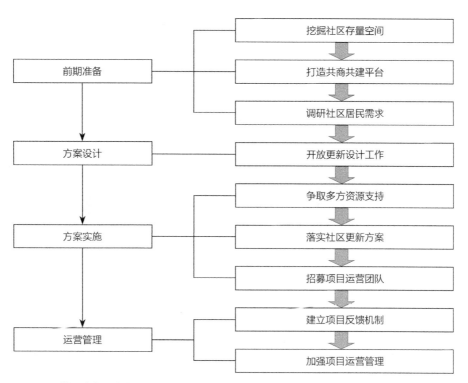

图4-15 基于共享理念的社区更新工作流程图

4.4 本章小结

（1）通过前文的案例与理论研究，基于共享理念的社区更新总体策略涉及空间、实施、运营、技术四个层面。空间层面，强调以社区存量空间作为主要的切入点；实施层面，强调打造包含政府、居民、第三方组织在内的多方参与格局；运营层面，强调组织策划以共享为主题的社区活动；技术层面，强调打造社区网络共享空间（图4-16）。

（2）基于共享理念的社区更新的核心议题是营造社区共享空间，本书根据前文的理论与案例研究，将社区共享空间分为4大类，12小类。

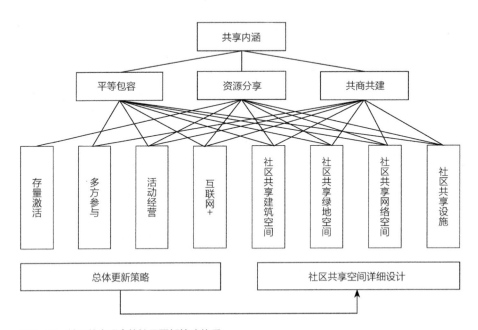

图4-16 基于共享理念的社区更新策略体系

　　社区共享建筑空间包括社区共享客厅、社区资源共享空间、社区共享书屋、社区共享厨房、社区共享地下空间五种类型。社区共享客厅的营造重点是为居民提供多元化的公共交往与日常生活空间；社区资源共享空间和共享书屋的营造重点是为居民分享闲置资源提供平台；社区共享厨房的营造重点是为居民聚餐与分享厨艺提供空间；社区共享地下空间的营造重点是对社区闲置的地下空间进行公益化改造，协调解决地上空间问题，为社区及居民提供更多的共享空间。

　　社区共享绿地空间包括综合型共享绿地和特色型共享绿地两种类型。尽管形式与规模不尽相同，但社区共享绿地空间的营造重点均是要引导居民参与绿地种植和养护，激励社区居民共建共享绿色家园。

　　社区网络型共享空间包括移动型共享网络空间和网页型共享网络空间两种

类型，旨在运用互联网技术，针对特定区域的社区居民，为居民分享生活、共享资源及参与社区治理提供线上平台。

社区共享设施包括日常生活类设施、公共服务类设施、社区家具类设施三种类型。共享日常生活类设施旨在降低居民的生活成本以及社区的能源消耗，为邻里交流创造更多的契机；共享公共服务类设施营造重点是利用社区周边公共服务设施的闲置空间解决社区内部空间或资源紧张的问题。共享社区家具类设施旨在将共享经济与智能技术深度融合，进一步提升社区的共享化程度。

（3）基于共享理念的社区更新工作流程包括前期准备、方案设计、方案实施、运营管理四个环节。

第5章 应用研究（一）

——基于共享理念的百万庄社区更新策略

本章在前文研究成果的基础上，展示如何在具体社区中运用"共享"理念进行更新设计，进一步提高实践意义。本章选取百万庄社区作为研究对象，首先对其进行现状问题总结，提出共享理念的适用性，然后从总体更新、详细设计两个层面提出策略建议。

5.1　百万庄社区现状研究

5.1.1　百万庄社区概况

百万庄社区始建于1951年，原为政府公务员配套住宅区，位于北京地铁6号线车公庄西站西南侧，占地面积约21公顷，约有1500户住宅，隶属北京市西城区展览路街道。百万庄社区作为"新中国第一社区"，由我国著名建筑师张开济先生规划设计，以西方"邻里单位"和苏联"扩大街坊"理念为基础，融合我国传统的风水文化，是我国现代社区的经典之作。百万庄社区在规划布局上，以小学、公共绿地等公共空间为中心，围绕九个院落组团，并分别以"地支"命名，院落组合采用"回"字形布局，空间层次丰富，是中国传统院落空间的现代演绎。百万庄社区的居住建筑以二、三层为主，仿照苏联建筑式样，采用红砖红瓦和坡屋顶，与社区内的绿树交相辉映。此外，建筑细部采用了中国传统的回纹装饰，体现了较高的传统建筑技艺水平。

百万庄社区虽不是文物保护单位，但具有较高的历史文化价值，近几年由于社区环境的不断衰败，引起社会各界的广泛重视。许多专家和学者从不同角度对百万庄社区进行了调查研究，提出了不同层面的社区更新思路与建议。

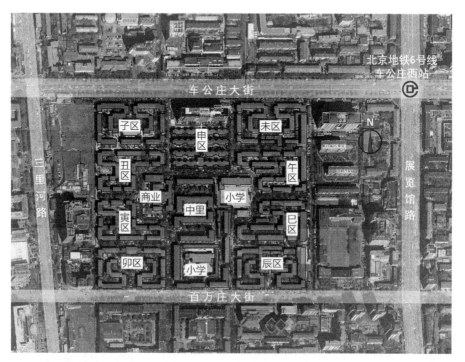

图5-1 百万庄平面图
资料来源：作者根据Google地图改绘。

本章所研究对象主要是百万庄社区"子、丑、寅、卯、辰、巳、午、未"八个组团内的存量空间（申区由于特殊管理，未纳入研究范围）（图5-1）。通过梳理百万庄社区的相关研究，结合实地调查，选取适当的社区存量空间，提出更新思路与详细设计策略。

5.1.2 百万庄社区现状问题

百万庄社区已近古稀之年，面临许多社区衰退问题。

（1）建筑质量及空间环境品质较差

历经近70年的岁月侵蚀，百万庄社区已经逐渐"变老"，墙体和屋檐掉皮、屋顶漏水、缺乏保温层、市政线路和管道老旧、环境卫生欠佳等问题普遍存在，成为居民关注和担忧的重要问题。百万庄社区的公共空间体系已经严重破坏，例如，一些组团或宅前绿地已经退化消失，或者被居民私自圈占成小院，环境较为脏乱，秩序性较差；居民在居住建筑组团内部私自搭建临时构筑物，与百万庄的整体风貌不够协调，使得公共空间面积减少，并容易造成消防隐患（图5-2）；由于百万庄在建设初期，缺乏对停车空间的考虑，导致现在停车又难又乱，路边停车及组团内部停车的现象较为普遍，对行人及社区生活造成不利的影响。

（2）社区传统邻里关系面临瓦解

百万庄社区的许多住户在建成初期便长期生活于此，与周边邻里产生了稳定的社会关系，但由于建筑结构的不断侵蚀，户型面积日益不能满足居住需求，社区环境不断衰败，导致许多原住人口特别是年轻人口的迁离，社区老龄化问题逐渐严重，与此同时，大量的新租户涌入社区，导致原有稳定和谐的社区人文生态产生动摇。有学者对百万庄的人口进行估算，2017年社区流动人口占比已达41.6%，人口异质特征已十分明显。此外，2017年常住老年人口占比

图5-2　百万庄社区圈地行为及私搭乱建
资料来源：作者摄于2019年并改绘。

已达53.2%，人口呈现高度老龄化特征。

　　基于以上的人口数据分析，在社区更新实践中，首先，应提高对老年人口的关注度，满足老年人活动的空间需求，营造互助养老的良好氛围；其次，应营造新的空间形式与交流机制，促进原住民与新租户的融合，提升新租户的社区归属感；最后，在社区中植入更多的功能，提高对年轻人口的吸引力，使百万庄社区不仅拥有深厚的历史文化，而且要成为周边最具活力与影响力的社区。

　　（3）社区资源利用效率及质量较差

　　在空间资源层面上，百万庄社区内部有较多的废弃空地、闲置建筑、居民私建用房、临时构筑物等存量型空间，空间利用效率及质量较为低下，而从城市开发的角度，百万庄社区位于北京核心区，对空间利用率有较高的要求，因此在百万庄社区更新实践中，应积极利用这些存量空间，提高空间利用率，发挥其更大的价值。

　　在物质资源层面上，许多居民将自家闲置物品堆砌在宅前绿地中，不仅造成资源浪费，而且影响公共利益，但是从另一个角度讲，闲置物品对其他居民可能是必需品，应积极调动居民家中的闲置物品资源为社区服务，营造共享、绿色的生活方式。

　　在人力资源层面上，目前社区内部还没有形成共享技能的氛围，但有分析认为百万庄社区居民的整体素质较高，如果能够积极引导居民为社区服务，将降低社区的管理成本，并便利居民的生活。

　　（4）关于百万庄社区的两种空间秩序的思考

　　百万庄社区的圈地行为与私搭乱建蔚然成风，主要有以下原因：

　　①百万庄社区以低层建筑为主，使得各层住宅与地面空间的关系都较为亲切，提高了居民对地面空间的关注度；

②圈地行为与私搭乱建多位于居住组团内部，主要是由于百万庄社区建筑组合以院落围合为主，空间较为隐蔽，为私建活动提供了视线保护；

③百万庄社区的住宅多以60~75平方米为主，虽在建设初期属于"高档型"住宅，但随着生活水平的提高及人口的增加，住宅空间日益不能满足居民生活需要，导致居民向地面索取更多的空间；

④百万庄社区的原住民文化水平较高，并多从事工业生产行业，动手能力较强，为圈地活动与私搭乱建活动提供更多的可能性；

⑤百万庄社区的产权复杂，并分属不同的行政社区，导致难以统一管理圈地与私搭乱建行为。

基于公共视角，一些圈地行为与私搭乱建确实影响了公共利益及消防安全，对社区公共环境卫生造成消极影响。但从另一个角度讲，这些圈地行为与私搭乱建却蕴含着社区居民的智慧、劳动及生活态度，体现居民对百万庄社区和生活的热爱（图5-3）。

因此，有学者认为百万庄的特殊魅力在于并存着两种空间秩序，一种是张开济先生所规划设计的宏观统一秩序，代表着"自上而下"的控制力，体现严

（a）午区居民搭建的小院并赋诗一首　　　（b）子区居民在收拾花草

图5-3　百万庄社区中富有生活气息的宅前空间（摄于2019年）

整紧凑的空间骨架；另一种则是居民自发兴建的微观差异秩序，代表着"自下
而上"的生活感，体现世俗亲民的空间灵魂。而后一种秩序日益促成百万庄社
区最具活力的空间。这些空间是促进邻里交流的重要场所，是体现居民生活态
度的外在形态，是居民自发更新社区空间的结果，不断丰富着社区的生活细
节[①]。所以，在百万庄社区的更新实践中，上述两种空间秩序均应得到尊重。

5.1.3 "共享"理念的适用性分析

（1）较多的存量资源

基于共享理念的社区更新以存量空间更新为主要特征，而通过前文的现状
调查，百万庄社区中存在着较多的私搭乱建、破旧衰败、闲置废弃等未积极利
用的存量型空间，为"共享"理念的运用提供了丰富的空间来源。此外，社区
居民堆砌杂物等闲置物资的现象也比较严重，也为"共享"的运用提供物质
基础。

（2）较为广泛的更新呼声

目前，政府、居民、社会团队均高度关注百万庄的社区更新工作，北京市
领导曾多次对社区进行考察调研，社会组织"爱上百万庄"团队已成立运营，
居民的社区更新改造的期盼也日益高涨，为形成共商共建的更新格局提供良好
的保障。

（3）居民较强的更新能力

基于共享理念的社区更新的重点就在于引导居民参与建设，而百万庄社区
不同于北京的一般社区，宅前绿地的私自圈建从另一个角度证明了居民自组织
更新绿地的能力比较强，为"共享"理念的运用提供了良好的群众基础。

---

① 　陈曦. 百万庄：新中国的居住样本［J］. 中华遗产，2016（10）：120–133.

（4）空间及人文生态的衰败

百万庄属于典型的老旧社区，具有空间及人文衰败的典型问题，而基于共享理念的社区更新的目标就在于活化社区空间及复兴邻里。因此，根据前文的理论与案例研究，百万庄社区问题与"共享"理念的目标有较好的耦合关系。

（5）产权复杂

社区更新会涉及一些住户的产权问题，有学者调查指出，百万庄的产权主要由八家部委所属，而且随着产权的不断变更，现已愈加复杂。而共享文明时代，社会愈加重视使用权，而非所有权。因此，"共享"理念会降低由于产权复杂而带来更新困难。

5.2　总体更新策略

5.2.1　更新思路

（1）空间层面：在保护百万庄社区"九区八卦阵"型整体空间结构以及修复老旧建筑的基础上，积极利用社区存量建筑、存量绿地与闲置时期的公共服务设施，运用"共享"理念营造社区共享空间体系（图5-4、图5-5），解决社区及居民生活中的问题（图5-6）。对于严重影响公共利益、消防安全、环境卫生的私搭乱建应予拆除，而对于能够体现居民乐观生活态度的自发更新行为应采取"包容、审慎、规范"的原则，合理引导百万庄社区居民所特有的空间更新热情。

（2）实施层面：营造多方参与的实施机制，成立社区更新工作室，凝聚社区更新的广泛共识。

（3）运营层面：根据社区共享空间类型营造丰富多彩的社区活动，进一步激发社区活力。

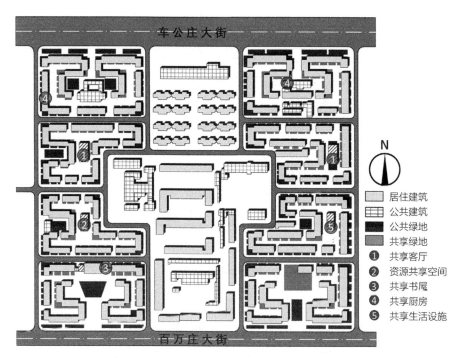

图5-4 基于共享理念的百万庄社区更新平面图

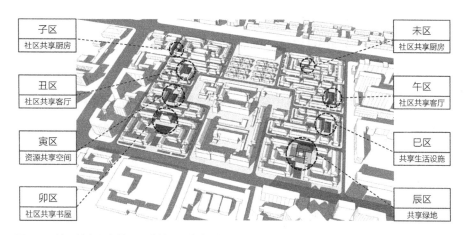

图5-5 基于共享理念的百万庄社区更新鸟瞰图

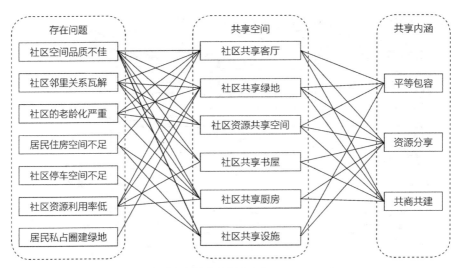

图5-6　社区中存在的问题以及解决问题的共享空间形式

（4）技术层面：目前百万庄社区还未建设针对本社区的网络平台，难以符合当今的生活习惯，应积极打造社区共享App等线上服务，促进社区空间、物资、人力等资源的共享，并与社区线下空间或居民生活产生良好互动，进一步提高社区的凝聚力。

5.2.2　挖掘并利用社区存量空间

（1）社区存量空间挖掘

社区存量空间指的是社区中废弃、破败、脏乱、私搭乱建等利用效率及质量不高的空间，一般会对社区风貌、功能、居民生活、公共利益等造成不良影响。百万庄社区的公共空间已逐渐被侵蚀，但是站在未来社区更新的角度，被侵蚀的公共空间其实是一种存量空间。通过调查，百万庄的社区存量空间包括存量建筑空间及存量绿地空间两种类型（图5-7）。

存量建筑空间指的是闲置建筑、私建居住建筑、利用率低下等可用于更新

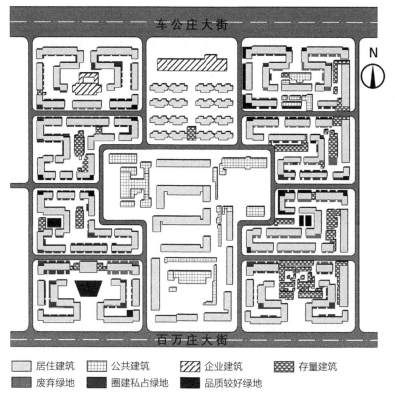

居住建筑	公共建筑	企业建筑	存量建筑
废弃绿地	圈建私占绿地	品质较好绿地	

图5-7 百万庄社区存量空间分析

的建筑，随着北京人口疏解以及街巷整治的深入推进，一些人口或将疏解，导致一些建筑面临闲置或拆除，会释放出大量的存量建筑空间；存量绿地指的是社区中废弃或被居民圈建私占的宅前绿地与边角地，造成社区景观整体品质不佳，需要更新与引导。

（2）存量空间利用策略

①将存量型建筑打造成共享空间：在百万庄社区"子、丑、寅、卯、辰、巳、午、未"8个组团中各选取适当的存量建筑，结合各组团特色，植入不同的共享空间类型，解决居民希望解决的问题，满足居民的多元需求。

②将存量型绿地打造成共享绿地：积极利用废弃、居民搭建的宅前或边角绿地，合理引导并规范居民搭建小院的行为，使之成为居民共建共享的绿色人文空间。

③营造共享公共服务设施机制：百万庄社区内部及周边配套有多种公共服务设施、企业、单位、机构等，在非工作时间存在着大量的闲置空间或设施，通过构建合理的共享机制，为社区居民释放更多的活动空间。

5.2.3 多方参与的实施建议

（1）政府层面建议

基于共享理念的百万庄社区更新，政府应充分发挥"搭台"的作用，为更新工作打下良好基础，建议如下：

①百万庄社区的住宅产权较为复杂，需由高层级的政府进行协调，达成广泛的更新共识；

②百万庄所承载的历史文化对全国都有一定的影响力，建议由北京市及西城区人民政府出台相关政策，保障资金、人才、技术、场地等要素的供应，整合社会资源，引导更多的社会力量参与百万庄的社区更新；

③建议由北京西城区人民政府统筹协调区发展改革委员会、区住房和城乡建设委员会、市规划和自然资源委员会西城分局等部门，形成工作合力；

④建议由展览路街道通过购买社会服务，将更新项目的规划设计、建设、运营等事项交由专业的第三方团队，保障更新项目的质量；

⑤建议由百万庄所在的社区居委会与居民群众进行充分的沟通，统一居民思想认识，保障政府与居民之间的信息通畅。

（2）居民层面建议

基于共享理念的百万庄社区更新，居民不仅要参与更新项目的协商与决策，还要参与社区更新的设计、建设与运营阶段，更应形成居民参与社区管理的机制。

①更新前：根据访谈、座谈会、问卷调查充分了解居民需求及现状的问题，由居民确定社区共享客厅、共享厨房、资源共享小屋、共享书屋、共享绿地、共享生活设施等具体空间形式及功能。

②更新中：社区共享绿地、资源共享小屋、共享书屋等空间类型需要居民的积极参与建设，配合相关更新工作的展开，并投入相关资源，形成社区共享生态链的基础。

③更新后：社区空间更新完成后，应积极培育居民的社群活动及居民参与建设管理的长效机制。此外，社区共享客厅、共享厨房、共享绿地等空间类型的共享活动也需要居民的积极参加，形成共享社区的良好氛围。

（3）第三方团队层面

基于共享理念的百万庄社区更新需要第三方团队发挥重要作用，表现在空间设计、活动策划、场地服务、运营管理等方面。第三方团队构成可包括社区规划师、设计院、大学、社会公益组织、社区志愿者、运营组织等。

①空间设计：需要规划、建筑、景观、室内等空间设计团队根据居民需求及社区现状问题，同居民共同完成更新空间的设计工作。

②活动策划：社区共享客厅、共享厨房、共享绿地等空间类型需要第三方团队进行活动组织，进一步激活空间。

③场地服务：需要社区志愿者等管理团队维护空间的环境卫生、使用管理、咨询导引等，形成良好的空间使用秩序。

④运营管理：社区共享客厅、共享厨房、资源共享小屋、共享书屋等共享空间形式需要考虑空间的收支平衡，因此需要专业的运营团队维持空间的收入、支出相对平衡，保障长期运营。

（4）打造百万庄社区更新工作室

为进一步形成百万庄社区更新合力，打造社区更新共商共建平台，可成立社区更新工作室。建议将百万庄社区居委会的闲置用房作为社区更新工作室的固定场所，主持引导百万庄社区的日常更新工作，其成员应由政府代表、居民代表、设计团队、实施管理团队等构成。

5.2.4 策划社区共享活动

依托社区各组团多种类型的共享空间，定期举办社区共享活动，进一步激发社区活力。活动的类型要根据各种共享空间的特色，考虑全龄居民活动的需要，为促进社区居民交往以及资源共享提供集中的平台。此外，应加强线下活动与线上活动的互动，扩大影响范围（表5-1）。

百万庄社区共享主题活动类型建议　　　　　　　表 5-1

位置	空间基础	建议活动类型
丑区、午区	社区共享客厅	展览、书法、绘画、舞蹈等艺术活动；亲子、助老、儿童沙龙等人文活动；社区歌手大赛、电影节等娱乐活动
辰区	社区共享绿地	自然与环保教育、植物漂流（移植）、植树节、种植体验节、园艺展示
寅区	社区资源共享空间	跳蚤市场、技能培训、公益活动
卯区	社区共享书屋	读书会、阅读节
子区、未区	社区共享厨房	美食节、共享晚餐
巳区	社区共享生活设施	健身节

5.2.5 运用互联网思维

在社区更新项目前期，可利用网络问卷平台、网络投票、微信群、微信公众号等互联网形式进行居民意见的采集与分析处理，为百万庄社区更新策略的详细制定提供基础资料与数据。在社区更新项目过程中，可利用互联网宣传并引导居民参与共享客厅、共享绿地、共享厨房等空间类型的施工与建设。在社区更新项目完成后，互联网要发挥更大的作用，一是通过互联网建立社区更新反馈机制，收集各方面的意见，不断完善社区更新项目；二是通过营造百万庄社区专有的网络共享空间，建立社区空间、资源、信息等要素的供给与居民的需求精准匹配机制，促进社区全要素共享，使社区线下生活与线上活动充分融合；三是借助互联网开放性的优势，为百万庄社区居民参与社区建设与治理提供网络平台。

5.3　社区共享空间详细营造与设计策略

5.3.1　社区共享建筑空间设计

（1）社区共享客厅设计

百万庄社区建设初期，在丑、午两区中布置锅炉房，两处面积均约325平方米。随着时代和生活的进步，锅炉房的供热功能必将逐步退化或被淘汰，而现状锅炉房很大面积被违章建筑侵占与包围，环境品质较差。但锅炉房也承载着百万庄历史的印记，不宜完全拆除，需积极保留并更新利用（图5-8～图5-11）。

本书建议将丑、午两个组团中的破旧锅炉房更新改造成社区共享客厅，功能以丰富交往空间与日常生活空间为主，辅以文化、娱乐、休闲等功能。以午区锅炉房为例，建议布置前台接待、休闲沙发、多功能厅、老年人活动室、共享玩具、健康小屋、社区大学、图书阅览、小型影院、自助服务、收发快递、公共厕所等功能。在建筑立面设计上，要凸显"包容开放"的特征（图5-12、图5-13）。

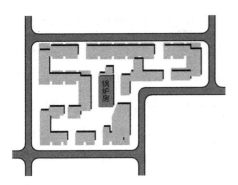

图5-8　丑区锅炉房位置

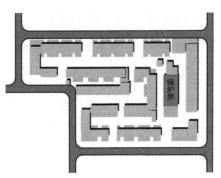

图5-9　午区锅炉房位置

图5-10　丑区锅炉房现状
资料来源：作者自摄于2019年并改绘。

图5-11　午区锅炉房现状
资料来源：作者自摄于2019年并改绘。

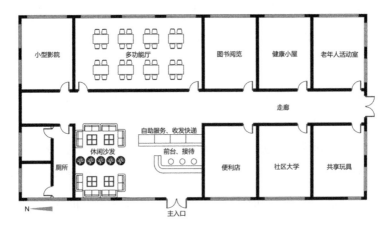

图5-12　午区共享客厅布局示意图

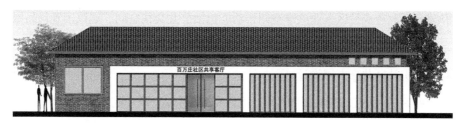

图5-13　午区共享客厅立面示意图

（2）社区资源共享空间设计

笔者在对百万庄社区进行实地调研时发现，一些居民圈占绿地的原因是堆放家中的闲置物品，对社区环境造成不良影响。如果鼓励居民将家中闲置物品放在固定的空间内并使居民自愿将一些闲置物品进行分享，这样不仅为居民提供了规范化的仓储空间，缓解居民居住空间紧张的问题，而且可以整治社区环境，为居民之间打破交流隔阂创造契机。

社区资源共享空间是解决上述问题的典型共享空间模式，在百万庄社区中，寅区的杂物堆放现象较为严重，并且寅区内部有一个私建仓库，面积约270平方米，对周边居民影响较大（图5-14、图5-15），故笔者建议将寅区的

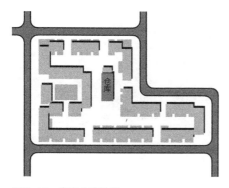

图5-14　寅区仓库位置

图5-15　寅区仓库实景照片
资料来源：作者自摄于2019年并改绘。

私建仓库改造成社区资源共享空间，功能包括公共交往空间、居民闲置物品展示空间、共享仓储空间等（图5-16）。

（3）社区共享书屋设计

卯区是百万庄绿化较好的区域，而且周边有小学、研究院等文化科研设施。笔者建议将卯区两处各约80平方米的低矮平房改造成社区共享书屋（图5-17、图5-18），为社区及周边居民分享书籍及提升社区文化内涵提供空间基础。

图5-16 寅区资源共享小屋布局示意图

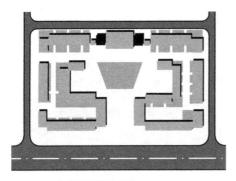

图5-17 卯区低矮平房位置

图5-18 卯区低矮平房实景照片
资料来源：作者自摄于2019年并改绘。

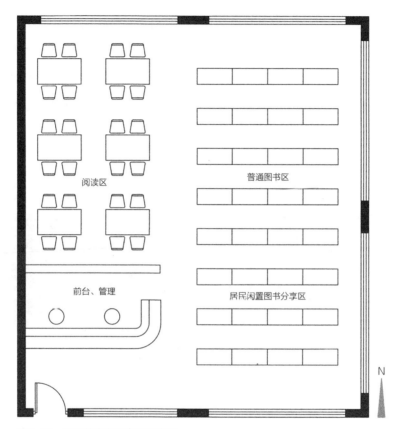

图5-19   卯区共享书屋布局示意图

共享书屋功能包括图书区、阅读区、前台管理区等，其中图书区应包括居民闲置图书分享区，鼓励居民将闲置图书分享给其他居民（图5-19）。

（4）社区共享厨房设计

笔者在对百万庄社区居民进行访谈时，许多居民认为自家厨房面积较小，越来越不能满足生活及接待来客的需求，但是在原户型基础上进行改造难度又较大。因此通过在社区中打造共享厨房，不仅为居民聚餐、接待来客提供充足的空间，而且可以为居民分享厨艺与美食提供契机。

本书建议将未区养老照料中心西侧的一处约70平方米的闲置建筑以及子区一处约56平方米的破旧建筑改造成社区共享厨房，以解决附近居民自家厨房面积较小、聚餐待客空间不足、现有养老设施配餐服务不足的问题。未区共享厨房功能包括公共烹饪区、用餐区、配餐区、老年食堂等，子区共享厨房功能包括公共烹饪区、用餐区及便民菜市场（图5-20～图5-25）。

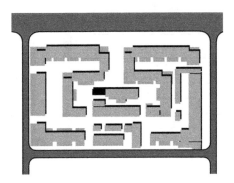

图5-20 未区闲置建筑位置

图5-21 未区闲置建筑实景照片
资料来源：作者自摄于2019年并改绘。

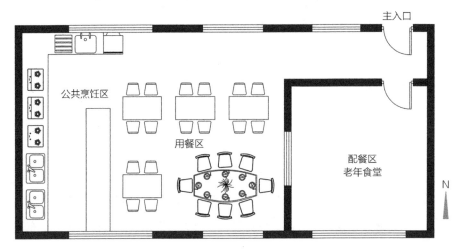

图5-22 未区共享厨房布局示意图

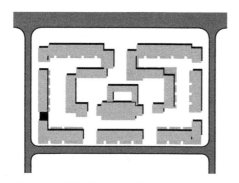

图5-23 子区破旧建筑位置

图5-24 子区破旧建筑现状照片
资料来源：作者自摄于2019年并改绘。

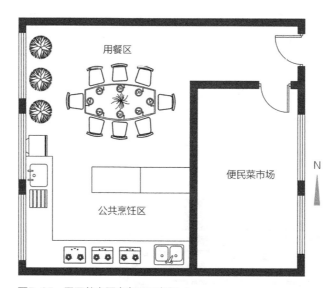

图5-25 子区共享厨房布局示意图

5.3.2 社区共享绿地空间设计

笔者通过实地调查发现，在百万庄社区中有许多社区居民圈占宅前绿地，并打造成自家小花园。这种行为虽然使得社区杂乱没有秩序，但也是这座年近古稀的居住区的"特色风景线"。基于共享理念的社区更新就是激发居民建设社区的热情，因此，针对百万庄社区居民圈建绿地的行为，不宜完全禁止，而应采取积极引导的措施，在不影响公共利益的同时满足一些居民种植和养护绿地的兴趣，并能为其他居民服务。针对百万庄社区的现状，本书建议共享绿地分为两种类型，一种是宅前型共享绿地，另一种是综合型共享绿地。

（1）宅前型共享绿地设计

以子区为例，子区外围和组团中心绿地应为公共绿地，居民不宜私自圈建。而对于子区内部宅前绿地，本书建议应鼓励有种植兴趣的居民参与绿地的建设，使居民种植绿地的行为规范化、合理化，使宅前绿地成为展现居民生活态度、促进居民相互交流与了解的生态人文空间（图5-26）。需要指出的是，权利与义务是相互统一的，居民在享有建设宅前绿地权利的同时，也应该履行以下义务：

①需在专业人士指导下在指定的区域进行绿地设计、建设、种植、养护等；

②不宜加设围栏、栏杆等障碍物；

③不应改变宅前绿地的功能性质，不得改作他用；

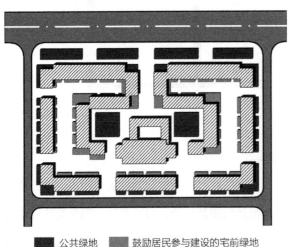

■ 公共绿地　　■ 鼓励居民参与建设的宅前绿地

图5-26　子区公共绿地和共享
宅前绿地布局示意图

④应设置为其他居民服务的休憩桌椅、景观小品等；

⑤应按时整理宅前绿地，保障绿地的干净、整洁、美观。

（2）综合型共享绿地设计

辰区组团中心原为公共空间，但随着时代推移，许多违章建筑拔地而起，对社区风貌、环境卫生造成不良影响（图5-27、图5-28）。本书建议拆除辰区的违章建筑，布置综合型共享绿地，包括以下功能（图5-29）：

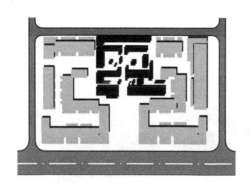

图5-27 辰区违章建筑群位置

图5-28 辰区违章建筑群实景照片
资料来源：作者自摄于2019年并改绘。

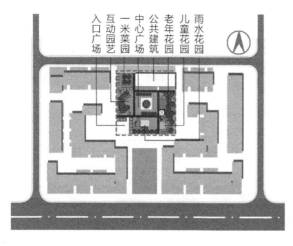

图5-29 辰区综合型共享绿地平面图

①一米菜园：鼓励有兴趣的居民认领一平方米左右的空间参与种植；

②互动园艺：鼓励居民将自家种植的植物"漂流"到共享绿地中；

③老年花园：针对老年人的生活特征设计的可参与种植体验的花园；

④儿童花园：针对幼龄儿童设计的可参与种植体验的花园及游戏区；

⑤雨水花园：涵养并储蓄该区域的雨水，可与生态教育相结合；

⑥公共建筑：为居民提供餐饮、游憩、活动、交流的空间。

5.3.3 社区共享网络空间设计

建议打造"共享百万庄"APP，促进社区线上线下空间的互动，为进一步凝聚社区情感提供信息基础。App界面应以象征百万庄形象的红色调为主，功能包括社区资讯、共享社区（共享空间、共享停车、共享物品、共享人力）、社区议事厅、生活服务、网上办事、社区交友等（图5-30）。

5.3.4 社区共享设施设计

（1）日常生活类设施

笔者在对百万庄社区进行实地调研时发现，由于住宅阳台面积较小，居民经常在公共

图5-30 "共享百万庄"APP界面示意图

空间内晾晒衣服，对社区景观风貌造成不良影响。此外，社区内部缺乏健身及娱乐设施，难以满足全龄居民的生活需要。

本书建议将巳区内部一处约270平方米的私建仓库打造成社区共享生活设施，功能主要包括共享洗衣空间、共享晾衣架、共享健身房、共享娱乐室等（图5-31～图5-33）。

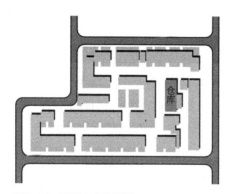

图5-31 巳区仓库位置图

图5-32 巳区仓库实景照片
资料来源：作者自摄于2019年并改绘。

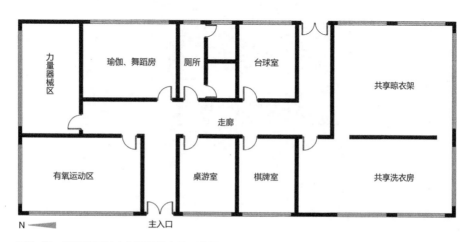

图5-33 巳区社区共享生活设施布局示意图

（2）公共服务类设施

百万庄社区在建设初期，较少考虑停车问题，但随着生活水平提高，居民私家车数量迅速攀升，所以对社区空间造成极大的压力。一些人行道、街边绿地、公共绿地被私家车侵占的现象较为普遍。但是如果在百万庄社区内部增设停车位，会挤压公共空间的面积，因此解决社区内部停车的问题可以从外部解决。

百万庄社区周边有行政单位、企业、设计院、科研院、出版社等配建有停车场的机构，而且在非工作时间均有闲置的停车空间（图5-34）。应将百万庄社区同周边公共机构看作共同体，共享停车空间，即社区居民可在非工作时间将车辆停入公共机构内，而公共机构的工作人员也可在工作时间将车辆停入社

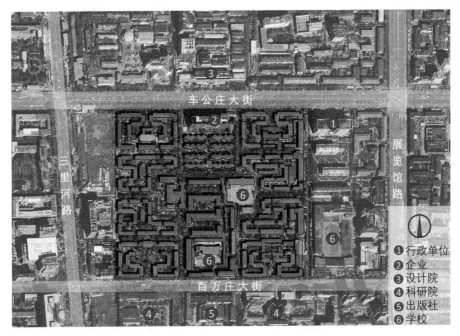

图5-34　百万庄社区周边公共机构分布图
资料来源：作者根据Google地图改绘。

区内部。此外，百万庄社区内外均有学校等设施，应在保障学校安全及教学秩序的基础上，积极开放学校的体育及活动设施，为社区居民提供充足的活动空间。

（3）社区家具类设施

根据百万庄社区不同类型的共享空间功能及居民需要，合理配置共享快递柜、共享洗衣机、共享橱柜、共享冰箱、共享储物仓、共享书架、共享唱吧、共享WiFi设施、共享充电设施、共享应急设施等社区家具型共享设施，以进一步提高百万庄社区的共享化程度。

5.4 本章小结

本章内容旨在将前文的更新策略运用到百万庄社区更新设计之中，结合百万庄社区空间秩序、邻里关系、资源利用等现状问题，运用"共享"理念，提出总体更新策略及详细的建筑与公共空间改造设计方法，验证了前文更新策略的可行性与操作性。

（1）根据前文的研究成果及百万庄社区的现状研究，"共享"理念对百万庄社区现存的一些问题有良好的适用性。

（2）基于共享理念的百万庄社区总体更新思路包括挖掘利用社区存量空间、多方参与、策划社区共享活动、运用互联网思维四个层面。

（3）百万庄社区存量空间较多，根据各组团特色可详细营造社区共享客厅、共享绿地、资源共享空间、共享书屋、共享厨房、共享设施等，形成社区共享空间体系。

第6章 应用研究(二)

——基于共享理念的厂甸11号院更新策略

本章在前文研究成果的基础上，展示如何在具体社区中运用"共享"理念进行更新设计，进一步提高实践意义。本章选取厂甸11号院作为研究对象，首先对其进行现状特征的总结，提出共享理念的适用性，然后从总体更新、详细设计两个层面提出策略建议。

6.1　厂甸 11 号院现状研究

6.1.1　厂甸11号院概况

厂甸11号院位于北京市西城区厂甸胡同，隶属于大栅栏街道大安澜营社区，距离北京地铁2号线和平门站约400米。厂甸11号院始建于1984年，占地面积约5808平方米，总户数约204户，原电信局家属楼，是大栅栏地区唯一多层板楼住宅区，空间布局为两栋6层住宅楼及配套建筑围合的院落形态。厂甸11号院毗邻大栅栏—琉璃厂文化街区，西邻中国第一处按照现代城市道路规划理念建设的南新华街，历史文化底蕴十分深厚。由于厂甸11号院属老旧小区，院内公共空间及配套建筑利用效率低下，难以满足社区及居民的活动需要，故本书将院内公共空间及配套建筑作为重点研究对象，以"共享"理念进行更新设计，激活消极的空间，重塑社区活力（图6-1、图6-2）。

6.1.2　厂甸11号院现状特征

（1）公共空间

厂甸11号院属于典型的老旧小区，院内公共空间衰败，北侧现有的约850

图6-1 厂甸11号院区位图
资料来源：作者根据Google地图改绘。

图6-2 厂甸11号院布局图
资料来源：作者根据Google地图改绘。

平方米配套用房利用率较低，整体空间活力不足。根据社区居委会的调查结果，96.6%的居民希望改善公共空间，此外，社区及居民对党建活动室、休憩娱乐设施、公共活动场地、健身运动空间等需求度较高。厂甸11号院禁止机动车出入，而非机动车处于杂乱停放的状态，步行空间、非机动交通及非机动车停车空间急需梳理规整（图6-3、图6-4）。

（2）人口构成

根据社区居委会的调查结果，厂甸11号院约54%的住户为原电信局居民，社区归属感较强。在年龄构成方面，厂甸11号院老年人口约占54%，属于典型的老龄化社区。此外，由于厂甸11号院紧邻北京第一实验小学、北京师范大学附属中学等重点学校，因此，约19%的住户为学区房新住户，这也意味着，中小学生（青少年）占一定的比例。

（3）历史文化

厂甸11号院地处北京市古城区，历史文化底蕴深厚，涉及五个文化节点，分别是厂甸、琉璃厂、大栅栏、南新华街、电信南局。厂甸是北京古城重要庙会场地之一，代表着市井民俗文化；琉璃厂、大栅栏是北京古城特色商业街区，代表着古都传统风貌；南新华街是中国第一处按照现代城市道路理念规划

图6-3　使用效率低下的配套建筑
（摄于2019年）

图6-4　衰败的公共空间（摄于2019年）

建设的道路，电信南局是北京最早的电话局之一，二者均代表着一种"时代先锋"的精神。而厂甸11号院正处于这古往今来交汇之处，因此，在更新设计之中，既要传承古都传统文化，又要发扬时代精神。

6.1.3　"共享"理念适用性分析

首先，基于共享理念的社区更新以存量空间更新为主要特征，而厂甸11号院存在着闲置或使用效率低下的存量型配套建筑与空间，为"共享"理念的运用提供了空间来源；其次，政府、居民、社会力量等均已关注厂甸11号院的更新工作，2019北京市"小空间　大生活——百姓身边微空间改造优秀设计方案征集"活动将厂甸11号院列入设计基地之一，为形成共商共建的更新格局提供良好的平台。

6.2　总体更新策略

6.2.1　总体更新思路

（1）空间层面：在传承古都历史文脉、发扬时代精神的基础上，充分挖掘并利用社区低效配套设施、消极绿地、边角空间等存量型空间，运用"共享"理念，营造"共享客厅+共享绿地+共享厨房"的共享空间体系，作为社区活力新引擎，重构社区活力，展现人文关怀（图6-5、图6-6）。此外，在交通层面，厂甸11号院内禁止机动车出入，除必要的消防应急通道以外，应以步行为主，非机动车停车场位于厂甸胡同东侧以保障院内生活更加安宁，至于机动车停车需求，可通过与周边单位、企业、学校等机构共享停车的方式加以解决。

（2）实施层面：营造多方参与的实施机制，成立社区更新工作室，凝聚社区更新的广泛共识。

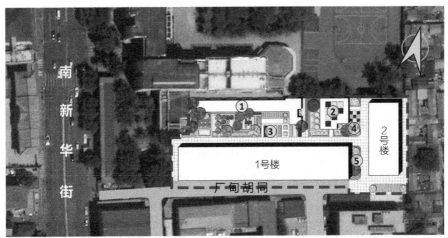

①共享客厅 ②共享厨房 ③综合型共享绿地 ④食用型共享绿地 ⑤口袋型共享绿地

图6-5 基于共享理念的厂甸11号院更新平面图

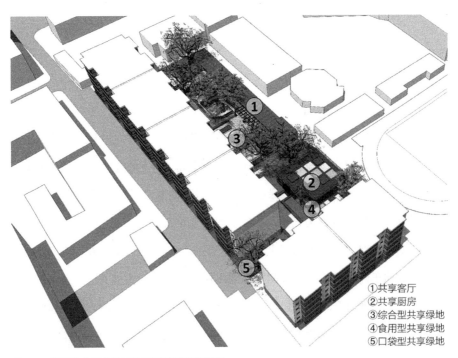

①共享客厅
②共享厨房
③综合型共享绿地
④食用型共享绿地
⑤口袋型共享绿地

图6-6 基于共享理念的厂甸11号院更新鸟瞰图

（3）运营层面：根据社区共享空间类型营造丰富多彩的社区活动，进一步激发社区活力。

（4）技术层面：目前厂甸11号院以及大安澜营社区还未建设针对本社区的网络平台，难以符合当今的生活习惯，应积极打造社区共享APP等线上服务，促进社区空间、物资、人力等资源的共享，并与社区线下空间或居民生活产生良好互动，进一步提高社区的凝聚力。

6.2.2 挖掘并利用社区存量空间

（1）挖掘社区存量空间

通过调查，厂甸11号院的存量空间类型主要包括低效配套建筑、消极绿地、边角空间等（图6-7）。低效配套建筑指的是院内北侧的配套设施，常年使用效率低下，造成了空间的浪费；消极绿地指院内简易的公共绿地，杂乱地种植着一些乔灌木，空间秩序较差；边角空间指巷尾、建筑边缘、角落等容易

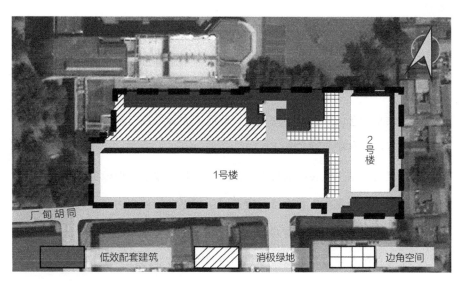

图6-7 厂甸11号院存量空间分布图

被忽视的微空间。

（2）存量空间利用策略

①将低效配套建筑改造成共享客厅及共享厨房：改造整治现状低效配套建筑，打造共享客厅与共享厨房，分别植入多功能厅、便利店、共享玩具、共享书屋、资源共享空间、共享学校、健康小屋、党员活动室、老年食堂、便民菜市场等功能，满足各年龄段居民的交往及社区生活需求；此外，现状院内秋冬季光照不足，难以满足老年人及儿童秋冬季晒太阳的需求，因此应积极利用部分配套建筑的屋顶空间，为居民提供充满阳光的共享空间。

②将消极绿地及边角空间打造成共享绿地：更新改造消极绿地，植入健身广场、老年花园、亲子乐园、健身步道、共享园艺区等功能，满足不同年龄段居民的交往及休闲游憩需求，促进邻里交往和居民参与，提升社区活力，使之成为居民共建共享的绿色人文空间；挖掘并积极利用边角空间，植入景观、绿化、休憩、活动等功能，形成可共享的微空间，进一步丰富社区的空间体验。

6.2.3　多方参与的实施建议

（1）政府层面建议

基于共享理念的厂甸11号院更新，政府应充分发挥"搭台"的作用，为更新工作打下良好基础，建议如下：

①建议由北京市人民政府出台社区更新的相关政策，保障资金、人才、技术、场地等要素的供应，整合社会资源，引导更多的社会力量参与社区更新；

②建议由西城区人民政府协调厂甸11号院更新所涉及的发改、自然资源与规划、住房和城乡建设、民政、绿化、市政等多个部门，形成工作合力；

③建议由大栅栏街道通过购买社会服务，将更新项目的规划设计、建设、

运营等事项交由专业的第三方团队，保障更新项目的质量；

④建议由大安澜营社区居委会与居民群众进行充分的沟通，统一居民思想认识，保障政府与居民之间的信息通畅。

（2）居民层面建议

基于共享理念的厂甸11号院更新，居民不仅要参与更新项目的协商与决策，还要参与社区更新的设计、建设与运营阶段，更应形成居民参与社区管理的机制。

①更新前：根据访谈、座谈会、问卷调查充分了解居民需求及现状的问题，由居民确定社区共享绿地、共享客厅、共享厨房等具体空间形式及功能。

②更新中：社区共享绿地、资源共享小屋、共享书屋等空间类型需要居民的积极参与建设，配合相关更新工作的展开，并投入相关资源，形成社区共享生态链的基础。

③更新后：社区空间更新完成后，应积极培育居民的社群活动及居民参与建设管理的长效机制。此外，社区共享绿地、共享客厅、共享书屋、资源共享空间、共享厨房等空间类型的共享活动也需要居民的积极参加，形成共享社区的良好氛围。

（3）第三方团队层面

基于共享理念的厂甸11号院更新需要第三方团队发挥重要作用，表现在空间设计、活动策划、场地服务、运营管理等方面。第三方团队构成可包括社区规划师、设计院、大学、社会公益组织、社区志愿者、运营组织等。

①空间设计：需要规划、建筑、景观、室内等空间设计团队根据居民需求以及社区现状问题，同居民共同完成更新空间的设计工作。

②活动策划：社区共享绿地、共享客厅、共享书屋、共享厨房等空间类型需要第三方团队进行活动组织，进一步激活空间。

③场地服务：需要社区志愿者等管理团队维护空间的环境卫生、使用管理、咨询导引等，形成良好的空间使用秩序。

④运营管理：社区共享绿地、共享客厅、共享书屋、共享厨房等共享空间形式需要考虑空间的收支平衡，因此需要专业的运营团队维持空间的收入、支出相对平衡，保障长期运营。

（4）打造厂甸11号院更新工作室

为进一步形成厂甸11号院更新合力，打造社区更新共商共建平台，建议成立社区更新工作室，主持引导厂甸11号院的日常更新工作，其成员应由政府代表、居民代表、设计团队、实施管理团队等构成。

6.2.4　策划社区共享活动

依托更新后的厂甸11号院内的共享空间，定期举办共享活动，进一步激发社区活力。活动的类型要根据各种共享空间的特色，考虑全龄居民活动的需要，为促进社区居民交往以及资源共享提供集中的平台。此外，应加强线下活动与线上活动的互动，扩大影响范围（表6-1）。

厂甸11号院共享主题活动类型建议　　　　　　表6-1

空间类型		建议活动类型
共享客厅	多功能厅	展览、书法、绘画、舞蹈等艺术活动；亲子、助老、儿童沙龙等人文活动；社区歌手大赛、电影节等娱乐活动
	共享书屋	读书会、阅读节
	共享玩具	儿童与家长联谊活动
	健康小屋	健康教育、健康咨询、健康干预、慢性病康复、心理健康辅导等
	资源共享空间	跳蚤市场、技能培训、公益活动
	共享学校	四点半学校、老年学校、文化讲座、兴趣班等

续表

空间类型		建议活动类型
共享绿地	综合型共享绿地	园艺培训、园艺体验、园艺鉴赏、园艺交流、植物认领、植物漂流、植物科普等
	食用型共享绿地	采摘节、种植培训、种植大赛、植物认领等
	口袋型共享绿地	阳光健身节等
共享厨房		厨艺大赛、美食节、饺子宴、共享晚餐、营养膳食等

6.2.5 运用互联网思维

在社区更新项目前期，可利用网络问卷平台、网络投票、微信群、微信公众号等互联网形式进行居民意见的采集与分析处理，为厂甸11号院更新策略的详细制定提供基础资料与数据。在社区更新项目过程中，可利用互联网宣传并引导居民参与共享客厅、共享绿地、共享厨房等空间类型的施工与建设。在社区更新项目完成后，互联网的作用要发挥更大的作用，一是通过互联网建立社区更新反馈机制，收集各方面的意见，不断完善厂甸11号院更新项目；二是通过营造厂甸11号院专有的网络共享空间，建立社区空间、资源、信息等要素的供给与居民的需求精准匹配机制，促进社区全要素共享，使社区线下生活与线上活动充分融合；三是借助互联网开放性的优势，为厂甸11号院居民参与社区建设与治理提供网络平台。

6.3 厂甸 11 号院共享空间详细设计策略

6.3.1 设计理念

根据前文的研究，厂甸11号院位于北京古往今来的交汇之处，其更新设计上要充分体现"历史"与"现代"的交融。北京四合院即是古都的居住空间肌理，也是共享空间的原始形态，因此本方案在空间设计中融入"北京四合院"的一些空间元素，以现代景观空间与建筑灰空间形式进行演绎，既契合古都历史文脉，也体现时代性。方案根据厂甸11号院现状，构建"共享客厅+共享绿地+共享厨房"的共享空间体系，从而满足居民的社交、健身、游憩、休闲、娱乐、育儿、助老等多元需求，增强社区凝聚力。

6.3.2 社区共享建筑空间设计

（1）共享客厅设计

厂甸11号院内北侧长条形配套建筑（面积约425平方米）长期利用率不足，本书建议将其改造成综合型"共享客厅"，为各年龄段居民提供形式丰富的交往与活动空间，促进社区情感的凝聚。在空间设计上引入北京传统四合院空间元素"抄手游廊"的概念，串联多功能厅、共享书屋、共享玩具、健康小屋、资源共享空间、共享学校以及党员活动室七个内部单元（图6-8）。

多功能厅：共享客厅的主体空间，面积约120平方米，包括便利店和会客大厅。便利店为居民的日常生活服务，会客大厅为弹性空间，厅内布置各种类

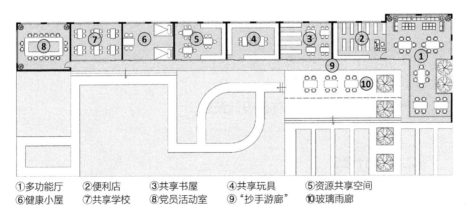

①多功能厅　②便利店　③共享书屋　④共享玩具　⑤资源共享空间
⑥健康小屋　⑦共享学校　⑧党员活动室　⑨"抄手游廊"　⑩玻璃雨廊

图6-8　共享客厅平面示意图

型的休闲桌椅与沙发，为居民提供多样的交流与活动空间，并且桌椅、沙发皆可移动，社区可在此举办丰富多彩的人文活动，居民可根据自身需求进行社交、会客、休闲、娱乐以及各种文化活动等。

共享书屋：为社区及周边居民分享阅读、提升社区文化内涵提供空间基础，面积约30平方米，功能包括图书区与阅读区，其中图书区应包括居民闲置图书分享区，鼓励居民将闲置图书分享给其他居民。通过书籍共享，盘活居民家中闲置的书籍资源、方便居民以书易书和以书会友、提升社区书香氛围。

共享玩具：针对儿童的共享空间形式，面积约30平方米，布置各种公共玩具及小型儿童游乐设施，供社区儿童一起玩耍，同时鼓励儿童将自己的玩具与其他儿童分享。

健康小屋：针对广大居民特别是中老年人的保健、预防、康复空间，面积约30平方米，为居民特别是中老年人提供健康教育、健康咨询、健康干预、慢性病康复、心理健康辅导等服务。

资源共享空间：是为社区居民分享闲置物资、生活物品与人力技能等提供集中平台的公益性空间，是最具共享经济特征的空间形式。通过居民之间相互分享资源的方式，引导居民互帮互助，打造社区共享生态链和绿色节约的生活方式，促进社区资源优化配置，改善邻里关系并增加居民之间的相互信任。面积约30平方米，功能包括居民闲置物品展示空间、公共交往空间、公益活动空间。

共享学校：以满足居民学习需求为目标的社区型学校，面积约30平方米，可针对各年龄段居民开展各类兴趣班及课堂，如针对待业青年的职业培训、针对老年再学习的老年课堂、针对学龄儿童的"四点半学校"等。

党员活动室：是大安澜营社区及厂甸11号院居民需求强烈的空间类型之一。本方案党员活动室面积约40平方米，可满足社区党组织开展民主生活、主题教育、党务公开、党建宣传、会议交流等活动。

共享客厅在建筑设计上通过"抄手游廊"以及玻璃雨廊增加建筑的灰空间，以半室外的共享空间形式作为进入室内的过渡地带，保障居民室外交流与活动无惧雨水和暴晒，玻璃雨廊以格栅增加空间的光影感，并在下方设置休闲桌椅与景观树池，进一步提高空间吸引力。建筑表皮以灰砖、暖色调木质窗框、玻璃为主，灰砖体现历史的厚重感、暖色木质窗框营造温馨氛围。通过灰空间的设计与大面积玻璃的运用，增加建筑立面的通透性及室内外空间的渗透性，以包容、开放、有趣的形态体现空间的共享性（图6-9）。

（2）共享厨房设计

厂甸11号院内东北侧方形建筑属低效配套设施，本书建议将其综合利用，打造社区共享厨房，为社区及居民厨艺展示、以食会友、美食联谊、公益助餐、节庆聚餐等活动提供共享平台，促进社区居民之间的情感交流。共享厨房的建筑面积约240平方米，内部功能包括共享烹饪区、用餐区、老年饭桌、便民菜市场等，服务于社区各年龄段居民的饮食需求与活动，其中，老年饭桌是针对社区老年人助餐服务的公益场所，旨在提升老年居民的幸福指数（图6-10）。建筑立面古今融合，突出通透性，通过开窗尺度的变化营造活跃、有趣、开放的空间氛围。建筑入口处以北京传统四合院空间元素"垂花

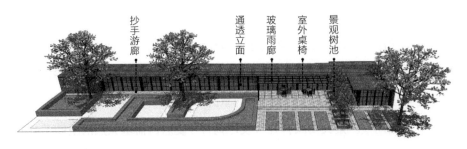

图6-9　共享客厅效果示意图

门"营造入口灰空间，展现亲切感。建筑色彩以灰墙为主基调，辅以暖色调，体现历史的厚重及社区的温馨（图6-11）。建筑周围及屋顶为可食用型共享绿地，与"美食共享"的主题相契合，其收获的果实可用于共享厨房内的社区公共活动，形成"自产自用、社区协作、共建共享"的模式，促进社区可持续发展。社区居委会及第三方团队应积极发挥组织与引导作用，鼓励居民"露一

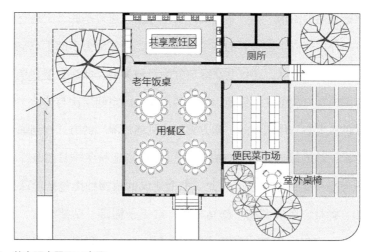

图6-10 共享厨房平面示意图

图6-11 共享厨房效果图

手"，组织举办厨艺大赛、美食节、饺子宴、共享晚餐、营养膳食等活动，形成"以美食共享邻里情"的社区氛围。

6.3.3　社区共享绿地空间设计

现状厂甸11号院内公共绿地面积较小，仅约400平方米，空间与植物配置较为简易且可参与性较差，对居住环境的美化作用较弱，难以满足居民室外活动及亲近自然的需求。本方案建议厂甸11号院除建筑基底、交通空间及消防应急通道以外，应以丰富多彩的共享绿地为主，释放出更多的生态空间。本方案根据厂甸11号院现状，建议共享绿地分为三种类型，即综合型共享绿地、食用型共享绿地及口袋型共享绿地，丰富共享绿地的空间层次与体验，营造共建共享的绿色、生态、休憩空间。本方案以"见缝插绿"的方式规划绿地面积约1216平方米，新增绿地面积约816平方米。考虑场地秋冬季日照条件较差，植物选择应考虑一定的耐阴性。因此，本书建议的植物种类包括珍珠梅、金银木、圆柏、青杆、大叶黄杨、暴马丁香、红王子锦带、贴梗海棠、木槿、紫薇、连翘、元宝枫、山楂、君迁子、七叶树、黄栌、栾树、国槐、玉簪、麦冬、大花萱草等。

（1）综合型共享绿地设计

综合型共享绿地以实现"全龄共享"以及"共建共享"为目标，通过丰富空间层次与功能，构建全龄化的绿色空间共享体系，创造更多的社区交往与活动，并且加强景观的可参与性，促进居民共建与社区自治。综合型共享绿地位于共享客厅以及1号住宅楼之间，面积约740平方米。在空间设计引入"北京四合院"的概念，三进式院落是北京四合院的标准形式，长度50~60米，与现状场地东西尺寸相符，因此，本方案通过景观与植物空间营造"照壁""抄手游廊""三进院落"等北京四合院元素意象，主要功能包括入口广场、健身广场、老年花园、亲子乐园、健身步道、共享园艺区等，为各年龄段居民提供多元的交往、休憩与活动空间，空间形式呈开放式或半开放式，各空间之间通过景墙与植物界定，在保障一定私密性的基础上加强各空间之间的渗透性与视线联系，提高空间的共享性（图6-12、图6-13）。在植物配置方面，采用"大乔木+小乔木+灌木+草本""常绿+落叶"的形式，丰富植物景观层次，并充分考虑北京气候特征以及季节变化，营造四季景象皆不同的生态空间，提高观赏性，

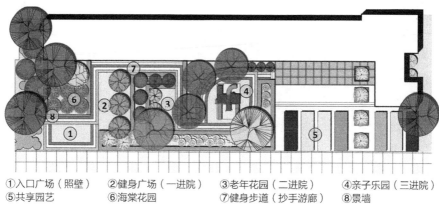

①入口广场（照壁） ②健身广场（一进院） ③老年花园（二进院） ④亲子乐园（三进院）
⑤共享园艺 ⑥海棠花园 ⑦健身步道（抄手游廊） ⑧景墙

图6-12 综合型共享绿地平面图

图6-13 综合型共享绿地效果图

美化社区环境（图6-14）。

　　入口广场（照壁）：位于绿地的西南角，广场北侧布置新中式的景观墙，周围点缀竹林与景观石，其后是海棠花园，主要种植贴梗海棠与西府海棠，象征着美好寓意，并搭配国槐、圆柏、大叶黄杨、麦冬等植物，通过景墙对海棠花园框景的方式营造传统四合院中"照壁"的意向（图6-15）。

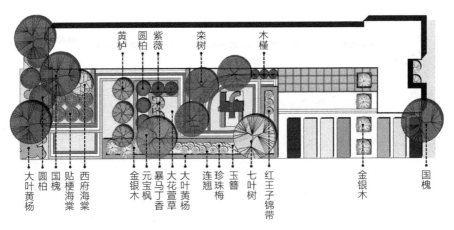

图6-14　综合型共享绿地植物配置示意图

图6-15　入口广场

　　健身广场（一进院）：由黄栌树阵进行空间限定，夏季可赏花并遮荫，秋可赏叶，具有较好的植物景观效果，并搭配圆柏、大叶黄杨、麦冬等植物，烘托四季常青的空间氛围。同时场地内布置多种不同类型的健身器材及休憩设施，适合各年龄段居民使用（图6-16）。

　　老年花园（二进院）：针对老年人的康复型景观空间，以促进老年人身心健康为设计目标，通过丰富的植物色彩、嗅觉、质感等感官体验调理老年人的身心健康。老年花园以花色丰富的大花萱草为地被，配以气味芳香对环境以及对人体有益的植物，如暴马丁香、金银木、紫薇、圆柏等乔灌木。在花园南侧孤植一株元宝枫，作为主景树和夏季遮荫的空间，树下布置休闲座椅，供老年人交流休憩。老年花园营造"春赏丁香、夏赏紫薇、秋赏元宝枫、冬赏金银木"的四季观赏体系，为老年人的四季活动与休闲增添自然色彩。此外，充分考虑北京老年人的生活爱好，在场地内布置遛鸟设施，烘托"鸟语花香"的空间氛围，"以鸟会友"进一步丰富空间体验，让老年人更加充分地享受自然乐趣，有助于老年人陶冶情操，愉悦身心，增加老年人之间的社交网络，使老年生活更加充实（图6-17）。

图6-16　健身广场

图6-17　老年花园

亲子乐园（三进院）：针对儿童及家长的活动空间，以促进儿童、亲子、家长之间的交往与互动为目标，平面呈椭圆形，场地中部布置儿童娱乐设施，地面铺装为草地与软质橡胶，保障儿童活动的安全性。场地周边为看护人设置活动及休憩设施，方便家长对儿童安全的看护，并且为增进家长之间的相互了解创造契机，也增强了空间的全龄共享性。亲子乐园以蓝色为主基调，辅以红、黄、橙等暖色调，增强空间的吸引力。在植物配置方面，应选择观赏性与趣味性较强的植物，激发儿童对自然与植物的兴趣。北侧种植四季景象皆不同的灯笼树（学名：栾树），增加趣味性，南侧孤植一株七叶树，作为主景树并提供遮荫效果，周边种植红王子锦带、珍珠梅、木槿、连翘、大花萱草等色彩丰富的观赏性植物，让儿童充分感受自然的颜色与魅力（图6-18）。

健身步道（抄手游廊）：连接各个活动空间（景观院落），类似北京四合院中的抄手游廊。健身步道总长约200米，宽度1.2米，分为3段：西段呈方形，围绕入口广场；中间段呈折线形，连接健身广场与老年花园；东段呈椭圆形，环绕亲子乐园。健身步道面层材料采用软质透水彩色沥青，保障各年龄段

图6-18　亲子乐园

居民运动的安全性。健身步道由常绿灌木——大叶黄杨构成的绿篱进行空间限定，并搭配贴梗海棠、丁香、金银木、珍珠梅、黄栌、栾树、国槐等乔灌木，丰富季相变化与空间体验。

　　共享园艺区：是居民共建共享的绿色平台，旨在增强居民与自然的互动，培育居民植绿护绿的意识，并通过丰富多彩的园艺共享活动，触发更多的社区交往。场地内设置一系列的植物种植池，鼓励居民特别是老年人与儿童参与种植与养护。研究表明，社区园艺可促进老年人身心健康，激发儿童探索自然的兴趣，提升居民的社区归属感以及社区参与度。植物种植池应设置不同的空间尺度，以适宜各年龄段居民进行园艺活动。植物种植池可设置不同的主题，如赏花植物、观叶植物、观果植物、乡土植物、水生植物、多肉植物等，丰富景观层次。种植池周边布置景观树池、休闲座椅、休闲台阶等，为居民之间的交往与互动提供自然舒适的休憩空间。此外，为了更好发挥共享园艺的生态与人文的双重效益，社区居委会及第三方团队应积极发挥组织与引导作用，如组织举办园艺培训、园艺体验、园艺鉴赏、园艺交流、植物认领、植物漂流、植物科普等活动，营造共建共享的社区绿色生活新风尚，成为社区活力升级的生态文明引擎。

（2）食用型共享绿地设计

食用型共享绿地布置在厂甸11号院日照条件较好的两处地方，一处位于共享厨房东入口的绿地内，可服务于共享厨房及举办的社区活动，另一处位于共享厨房的建筑屋顶，打造立体的景观空间，丰富空间体验，可食用蔬果植物的总种植面积约160平方米，收获的果实为全体居民所共享（图6-19）。

厂甸11号院可食用共享绿地采用"一米菜园"的形式，种植池宽度1～1.2米，高度设置不同的尺寸，以适宜各年龄段居民进行种植活动。此外，种植池周边布置休憩设施，方便居民之间的交往与互动。

在蔬果植物配置方面，根据北京气候四季分明的特征，选择食用性与观赏性俱佳的植物，方案建议春季可播种黄花菜、番茄、四季豆、茄子、黄瓜、辣椒、南瓜等，夏季可播种花椰菜、油菜、韭菜、芹菜、空心菜、苦瓜等，秋季可播种羽衣甘蓝、莴苣、西蓝花、小白菜、生菜等，冬季可播种菠菜、香菜、

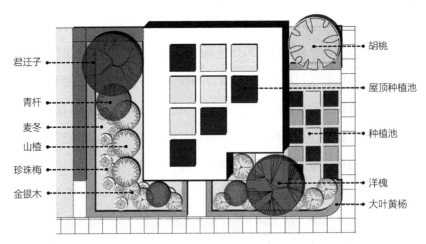

图6-19　食用型共享绿地平面图

白菜、萝卜、雪里蕻等。其中，羽衣甘蓝、莴苣、黄花菜、西蓝花、茄子、南瓜等农作物观赏与食用价值俱佳[1][2]，可较大面积种植。共享厨房建筑周边除蔬果种植池的绿地，日照条件较好的区域可配置胡桃、洋槐、榆树等乔木，日照条件不甚理想的区域，可配置山楂、君迁子等有食用价值并具有一定耐阴性的乔木，丰富可食用植物群落。

社区居委会及第三方团队应积极发挥组织与引导作用，如组织举办采摘节、种植培训、种植大赛、植物认领等活动，形成"蔬果睦邻、共建共享"的社区协作氛围。

（3）口袋型共享绿地设计

口袋型共享绿地是挖掘厂甸11号院无人问津的边角空间，进行景观绿化及活动场地建设，为居民交流、休憩、驻足、小聚等活动提供更多的共享空间。

口袋型共享绿地位于1号楼东侧，占地面积约116平方米，日照条件较好，植物配置以落叶植物为主，辅以常绿植物，植物种类包括国槐、金银木、丁香、大叶黄杨、白皮松、西府海棠等，其中以北京乡土树种国槐作为主景树，提供树荫空间。树下布置休闲座椅及居民共享的园艺种植箱，丰富景观层次，提升社区共享文化内涵（图6-20）。

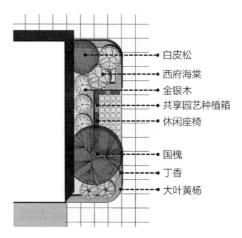

图6-20 口袋型共享绿地平面图

---

① 钱瑾，任建武. 北京观光农园中景观设计与可食性植物配置［J］. 林业科技通讯，2017（12）：63-66.
② 王洪成，曹烨琪. 城市老旧社区可食景观营造策略研究［J］. 中国名城，2019（12）：11-17.

6.3.4 社区共享网络空间设计

建议打造"共享厂甸"App，促进社区线上线下空间的互动，为进一步凝聚社区情感提供信息基础。App界面以象征着"厂甸庙会"的喜庆红为主色调，烘托热闹、祥和、亲切的氛围，App功能包括社区资讯、共享社区（共享空间、共享物品、共享人力、共商共建）、社区日志、生活服务、网上办事、社区交友等（图6-21）。

图6-21 "共享厂甸"App界面示意图

6.3.5 社区共享设施设计

（1）公共服务类设施

厂甸11号院禁止停车，因此社区内部停车的问题可以从外部解决。厂甸11号院周边有许多配建停车场的公共机构，而且在非工作时间均有闲置的停车空间。应将厂甸11号院同周边公共机构看作共同体，共享停车空间，即社区居民可在非工作时间将车辆停入公共机构内，而公共机构的工作人员也可在工作时间将车辆停入社区内部。此外，厂甸11号院周边有两所学校，应在保障学校安全及教学秩序的基础上，积极开放学校的体育及活动设施，为社区居民提供充足的活动空间。

（2）社区家具类设施

根据厂甸11号院不同类型的共享空间功能及居民需要，合理配置共享快递柜、共享洗衣机、共享橱柜、共享冰箱、共享储物仓、共享书架、共享唱吧、共享WiFi设施、共享充电设施、共享应急设施等社区家具型共享设施，以进一步提高厂甸11号院的共享化程度。

6.4　本章小结

本章内容旨在将前文的更新策略运用到厂甸11号院更新设计之中，结合厂甸11号院的公共空间、人口构成、历史文化等现状特征，运用"共享"理念，提出总体更新策略以及详细的建筑与公共空间改造设计方法，验证了前文更新策略的指导性与可操作性。

基于共享理念的厂甸11号院总体更新思路包括挖掘利用社区存量空间、多方参与、策划社区共享活动、运用互联网思维四个层面。厂甸11号院存量空间较多，根据现状及历史文脉，构建"共享客厅+共享厨房+共享绿地+共享设施"的共享空间体系，从而满足各年龄段居民的社区生活需求，增强社区居民的归属感。

第7章 结论与展望

7.1 研究结论

（1）规划视角下，"共享"内涵包括三个方面：首先是平等包容的人文价值观，体现城市规划的人文关怀；其次是一种以使用权转移为基础的资源分享模式，体现城市规划的集约导向；最后是一种共商共建的社会协作模式，体现城市规划的公共属性。

（2）我国基于共享理念的社区更新案例较为丰富，体现了"共享"理念较为广泛的适用性。其中，三个成熟的案例体现出"共享"理念对社区更新有较好的促进意义，包括升华社区空间、促进人文关怀、推动更新方式、激活社区资源等方面，为解决我国社区更新目前存在的问题提供了有益经验。三个案例在实施机制方面呈现出"存量更新利用、多方参与、活动经营、互联网平台"的共同特征，即在政府、居民、社会团队等多方参与的基础上激活社区存量空间，并结合活动经营与互联网平台营造社区共享空间。

（3）根据理论与案例研究，基于共享理念的社区更新策略包括总体更新与详细营造两个层面。在实践应用中，基于共享理念的社区更新的工作流程应包括前期准备、方案设计、方案实施、运营管理四个环节。

（4）基于共享理念的社区更新总体策略包括空间、实施、运营、技术四个方面。在空间方面，强调以社区存量空间作为主要的切入点；在实施方面，强调打造包含政府、居民、第三方组织在内的多方参与格局；在运营方面，强调组织策划以共享为主题的社区活动；在技术方面，强调打造社区网络共享空间。

（5）基于共享理念的社区更新详细策略即社区共享空间的营造与设计。社区共享空间是基于共享理念的社区更新的核心议题，营造目标是通过社区存量空间的更新再利用提升社区空间品质、提高社区资源利用效率、促进社区建立稳固的邻里关系。其营造内涵包括以下方面：①社区共享空间更加关注居民的差异性，通过多种手段，满足儿童、青年、中老年等多元人群以及多时段的使用需要；②共享空间的营造方式是政府、居民、社会力量等多方参与的自下而上的模式，其中居民是重要的空间建设者及资源提供者；③类似共享经济模式，共享空间的使用权可以通过某种中介平台按需分配，或者空间所承载的资源可在居民之间相互分享；④社区共享空间与社区线上平台形成良好的互动，通过网络平台链接更广泛的社区资源，打破空间使用的时空局限，让更多的居民有机会接触到共享空间；⑤社区共享空间的功能更具弹性，可容纳丰富的社区活动，并通过活动的营造进一步提升空间的场所魅力，为居民分享生活提供载体。

社区共享空间类型包括4大类，12小类。

社区共享建筑空间包括社区共享客厅、社区资源共享空间、社区共享书屋、社区共享厨房、社区共享地下空间五种类型。社区共享客厅的营造重点是为居民提供多元化的公共交往与日常生活空间；社区资源共享空间和共享书屋的营造重点是为居民分享闲置资源提供平台；社区共享厨房的营造重点是为居民聚餐与分享厨艺提供空间；社区共享地下空间的营造重点是对社区闲置的地下空间进行公益化改造，协调解决地上空间问题，为社区及居民提供更多的共享空间。

社区共享绿地空间包括综合型共享绿地及特色型共享绿地两种类型。尽管形式与规模不尽相同，但社区共享绿地空间的营造重点均是要引导居民参与绿地种植和养护，激励社区居民共建共享绿色家园。

社区网络型共享空间包括移动型共享网络空间及网页型共享网络空间两种类型，旨在运用互联网技术，针对特定区域的社区居民，为居民分享生活、共享资源及参与社区治理提供线上平台。

社区共享设施包括日常生活类设施、公共服务类设施、社区家具类设施三种类型。共享日常生活类设施旨在降低居民的生活成本和社区的能源消耗，为邻里交流创造更多的契机；共享公共服务类设施营造重点是利用社区周边公共服务设施的闲置空间解决社区内部空间或资源紧张的问题。共享社区家具类设施旨在将共享经济与智能技术深度融合，进一步提升社区的共享化程度。

（6）与其他社区更新模式的相比较，基于共享理念的社区更新有以下的侧重点：①强调社区存量空间的更新再利用，提高存量空间的利用效率；②强调通过空间更新，链接更广泛的社区资源，形成社区共享生态链；③强调政府、居民、社会的广泛参与，积极引导居民参与空间的建设，为社区建设和治理提供服务，而不仅仅是决策与协商；④强调空间的可持续运营，通过组织共享活动与共享空间形成良好的互动，不断激发社区活力，使其成为有持久生命力的生活场所。

7.2　研究展望

本书的创新性在于通过对相关理论与成功案例的研究，创造性的构建了基于共享理念的社区更新模式，并提出社区共享空间内涵、类型及营造策略。本书认为，"共享"既是一种理念，也是一种手段，关于该方向的后续研究工作有以下几点展望。

（1）未来，随着我国城市更新以及老旧小区改造工作的不断推进，越来越多的社区会将"共享"作为更新的理念和手段。因此，在基于共享理念的社区更新理论与实践经验更加丰富的前提下，结合项目所在地的经济、社会、文化等背景特征，提出更具针对性、更加精准、更有效的更新体系，还需要开展更加详细的研究工作。

（2）限于研究题目，本书的侧重点在于社区尺度的空间更新，所得出的结论是普适性的社区更新策略。基于此，我们可以引申出下面两个扩展问题。

　　一是"共享"理念能否运用到街区乃至城市尺度的更新活动中？答案是肯定的。街区由若干个社区组成，而城市又是由若干个街区组成。基于共享理念的街区更新的重点应是从街区尺度布局各类共享空间及设施，推进"开放街区"建设，以打破社区与社区之间的藩篱，使各类要素在街区中共享。而基于共享理念的城市更新的重点应是通过"共享"，激活整个城市的资源，使城市居民更加公平地享有城市生活。因此，未来如何将共享理念运用到城市各种尺度的规划、建设、更新与管理之中，形成"共享空间—共享社区—共享街区—共享城市"四级共享体系，促进城市资源全要素共享，实现第三次联合国住房和城市可持续发展大会所提出的"人人共享城市"（Cities for All）的愿景，是我们每一位规划师的责任。

　　二是"共享"理念能否运用到城市新建居住区之中？答案仍是肯定的。随着"小街区、密路网"建设理念的实施，未来各开发地块之间的联系会更加紧密。即使两个或若干地块属于不同的开发企业，也应将空间与公共设施的"共享"融入地块的规划设计与建设管理之中。例如某城市有A、B、C三处相邻的居住区开发地块，可在A地块设置共享客厅、B地块设置共享厨房、C地块设置资源共享空间，通过片区统筹的方式为将来入住的居民打造便捷、完善、系统的"共享生活圈"，并可以利用控制指标或设计导则指导地块的开发与建设。

　　这两个问题可以分别构成一套比较完整的研究体系，上述简略探讨希望能起到抛砖引玉的作用，敬请各位读者展开更加深入的研究。

　　（3）以大数据、5G、人工智能、物联网等为代表的新一代信息技术正在渗透并改变着我们的生活及城市。未来，在社区层面，如何将"共享"理念与新一代信息技术深度融合，以便更精准地了解社区居民需求、更好地实现社区可持续发展，仍需深入探讨。

参考文献

中英文专著

[1] BUNKER S, COATES C, FIELD M, et al. Co-housing in Britain today [M]. London: Diggers and Dreamers Publications,2011.

[2] SCOTTHANSON C, SCOTTHANSON K. The Co-housing Handbook: Building a place for community [M]. Rev. ed. Gabriola Island: New Scociety Publishers, 2004.

[3] CHRISLIAN D L. Creating a Life Together Practical Tools to Grow Ecovillages or Intentional Communities [M]. Gabriola Island: New Society Publishers, 2003.

[4] HYMAN A K. Architects of the Sunset Years: Creating Tomorrow's Sunrise [M]. San Luis Obispo: Central Coast Press, 2005.

[5] FRANCK K A. New Households, New Housing [M]. London: Van Nostrand Reinhold, 1989.

[6] HAYDEN D. Seven American utopias: The architecture of communitarian socialism 1970-1975 [M]. Cambridge: The MIT Press, 1979.

[7] AHN J, TUSINSKI O, TREGER C. LIVING CLOSER: The many faces of co-housing [M]. London: Studio Weave, 2018.

[8] MCCAMANT K, DURRETT C. Cohousing: A Contemporary Approachto Housing Ourselves [M]. Berkeley: Habitat Press, 1988.

[9] MCCORMICK K, LEIRE C. Sharing Cities: Exploring the Emerging Landscape of the Sharing Economy in Cities [M]. Lund: Lund University, 2019.

[10] MCLAREN D, AGYEMAN J.Sharing Cities: A Case for Truly Smart and Sustainable Cities [M]. Cambridge: The MIT Press, 2015.

[11] MELTZER G. Sustainable Community: Learning from the co-housing model [M]. Bloomington: Trafford Publishing, 2005.

[12] NORRIS P. Driving Democracy: Do Power-sharing Institutions Work [M]. Cambridge: Cambridge University Press, 2008.

［13］BOTSMAN R, ROGERS R.What's mine is yours: The rise of Collaborative Consumption ［M］. New York: Harper Business, 2010.

［14］SOUTHWORTH M, BEN-JOSEPH E. Streets and the Shaping of Towns and Cities ［M］. Chicago: Island Press, 2003.

［15］斯迪特. 生态设计：建筑·景观·室内·区域可持续设计与规划 ［M］. 汪芳，吴冬青，廉华，等，译. 北京：中国建筑工业出版社，2008.

［16］贝尔. 完美建筑·美好社区 ［M］. 沈实现，江天远，南楠，译. 北京：中国电力出版社，2007.

［17］里夫金. 零边际成本社会 ［M］. 赛迪研究院专家组，译. 北京：中信出版社，2014.

［18］托莱多. 共享型社会：拉丁美洲的发展前景 ［M］. 郭存海，译. 北京：中国大百科全书出版社，2017.

［19］胡毅，张京祥. 中国城市住区更新的解读与重构——走向空间正义的空间生产 ［M］. 北京：中国建筑工业出版社，2015

期刊论文

［20］NIO I. Communal versus Private: The Unfinished Search for the Ideal Woonerf ［J］. The Woonerf Today, 2010(03):4-17.

［21］DORIT F. American Co-housing: The First Five Years ［J］. Journal of Architectural and Planning Research, 2000(2): 94-109.

［22］VESTBRO D U. Collective Housing to Cohousing-A Summary of Research ［J］. The Journal of Architecture and Planning Research, 2000(2): 164-178.

［23］WILLIAMS J. Designing Neighborhoods for Social Interaction: The Case of Co-housing ［J］. Journal of Urban Design. 2005, 10(2): 195-227.

［24］MARCUS C C. Site planning building design and a sense of community: An analysis of six co-housing schemes in Denmark, Sweden, and the Netherlands ［J］. Journal of architectural and planning research, 2000, 17(2): 146-163.

［25］COHEN R, MORRIS B.The Face of Cohousing in 2005: Growing, Green, and Silver ［J］. Best of Communities. 2005, 12: 24-29.

［26］CHATTERTON P. Towards an Agenda for Post-carbon Cities: Lessons from Lilac, the UK's

First Ecological, Affordable Cohousing Community [J]. International Journal of Urban and Regional Research, 2013, 37(5): 1654-1674.

[27] BELK R.Why Not Share Rather than Own? [J]. The Annals of the American Academy of Political and Social Science, 2007, 611(1): 126-140.

[28] FELSON M,SPAETH J L. Spaeth. Community Structure and Collaborative Consumption: A Routine Activity Approach [J]. American Behavioral Scientist, 1978, 21(4):614-624.

[29] SALVIA G, MORELLO E. Sharing cities and citizens sharing: Perceptions and practices in Milan [J]. Cities, 2020, 98:1-15.

[30] BERNARDI M, DIAMANTINI D. Shaping the sharing city: An exploratory study on Seoul and Milan [J]. Journal of Cleaner Production, 2018, 203: 30-42.

[31] 镜壮太郎，韩孟臻，官菁菁. 关于共享的各种形态及相关背景原因的考察 [J]. 城市建筑，2016（04）：24-27.

[32] 筱原聪子，姜涌. 日本居住方式的过去与未来——从共享住宅看生活方式的新选择 [J]. 城市设计，2016（03）：36-47.

[33] 筱原聪子，王也，许懋彦. 共享住宅——摆脱孤立的居住方式 [J]. 城市建筑，2016（04）：20-23.

[34] KARNDACHARUK A,WILSON D J,DUNN R,et al. 城市环境中共享（街道街道）空间概念演变综述 [J]. 城市交通，2015，13（03）：76-94.

[35] 石楠. 共享 [J]. 城市规划，2018，42（07）：1.

[36] 石楠. "人居三"、《新城市议程》及其对我国的启示 [J]. 城市规划，2017，41（01）：9-21.

[37] 赵四东，王兴平. 共享经济驱动的共享城市规划策略 [J]. 规划师，2018，34（05）：12-17.

[38] 袁昕. 以共享经济促进共享城市发展 [J]. 城市规划，2018，42（03）：107.

[39] 陶希东. 共享城市建设的国际经验与中国方略 [J]. 中国国情国力，2017（01）：65-67.

[40] 陶希东. 首尔共享城市建设的经验及启示 [J]. 城市问题，2019（04）：96-103.

[41] 陈立群，张雪原. 共享经济与共享住房——从居住空间看城市空间的转变 [J]. 规划师，2018，34（05）：24-29.

［42］聂晶鑫，刘合林，张衔春. 新时期共享经济的特征内涵、空间规则与规划策略［J］.
规划师，2018，34（05）：5-11.

［43］申洁，李心雨，邱孝高. 共享经济下城市规划中的公众参与行动框架［J］. 规划师，
2018，34（05）：18-23.

［44］王炎. 城市居住区的共享绿化设计［J］. 艺海，2018（04）：89-90.

［45］秦静，周君. 共享经济对英国伦敦东区城市更新的影响作用［J］. 规划师，2017，33
（S2）：203-208.

［46］陈虹，刘雨菡. "互联网+"时代的城市空间影响及规划变革［J］. 规划师，2016，32
（04）：5-10.

［47］何凌华. 互联网环境下城市公共空间的重构与设计［J］. 城市规划，2016，40（09）：
97-104.

［48］窦瑞琪. 加拿大与日本共居社区的模式比较与经验借鉴——基于体制构建、空间组
织、运营管理之特征［J］. 城市规划，2018，42（11）：111-123.

［49］吉倩妘，杨阳，吴晓. 国外联合居住社区的特征及其启示［J］. 规划师，2019，35
（08）：66-71.

［50］刘宛. 共享空间——"城市人"与城市公共空间的营造［J］. 城市设计，2019（01）：
52-57.

［51］汤海孺. 开放式街区：城市公共空间共享的未来方向［J］. 杭州（我们），2016（09）：
9-11.

［52］汤海孺. 空间视角下的共享与生活社区营造［J］. 杭州（我们），2017（03）：9-11.

［53］知识共享韩国. 首尔共享城市：依托共享解决社会与城市问题［J］. 景观设计学，
2017，5（03）：52-59.

［54］薛菲，刘少瑜. 共享空间与宜居生活——新加坡实践经验［J］. 景观设计学，2017，
5（03）：8-17.

［55］俞孔坚. 共享城市［J］. 景观设计学，2017，5（03）：5-7+4.

［56］李勇. 关于当代共享的背景、内涵及意义［J］. 杭州（我们），2016（07）：24-30.

［57］张馨. 共享发展理念下城市公共空间的价值探讨［J］. 南通职业大学学报，2018
（03）：11-14.

［58］朱怡晨，李振宇. 作为共享城市景观的滨水工业遗产改造策略——以苏州河为例［J］.

风景园林，2018（09）：51-56.

［59］邹伟，郑春勇. 发达国家的"分享型城市"建设实践、争议与启示［J］. 电子政务，2018（09）：108-113.

［60］叶原源，刘玉亭，黄幸. "在地文化"导向下的社区多元与自主微更新［J］. 规划师，2018，34（02）：31-36.

［61］左进，孟蕾，李晨，邱爽. 以年轻社群为导向的传统社区微更新行动规划研究［J］. 规划师，2018，34（02）：37-41.

［62］黄瓴，周萌. 文化复兴背景下的城市社区更新策略研究［J］. 西部人居环境学刊，2018，33（04）：1-7.

［63］刘思思，徐磊青. 社区规划师推进下的社区更新及工作框架［J］. 上海城市规划，2018（04）：28-36.

［64］张腾龙，王晓颖，计昕彤，等. 沈阳市"社区共治"体系构建探索与成效［J］. 规划师，2019（04）：5-10.

［65］沈阳市牡丹社区更新：老小区社区治理体系的重构［J］. 江苏城市规划，2018（11）：39-40.

［66］单瑞琦. 社区微更新视角下的公共空间挖潜——以德国柏林社区菜园的实施为例［J］. 上海城市划，2017（05）：77-82.

［67］赵波. 多元共治的社区微更新——基于浦东新区缤纷社区建设的实证研究［J］. 上海城市规划，2018（04）：37-42.

［68］蔡丹旦，于凤霞. 分享经济重构社会关系［J］. 电子政务，2016（11）：12-18.

［69］陈晶，何俊芳. 社区共享经济促进社区融合的趋势及机制——以北京S社区共享生活为例［J］. 城市观察，2017（05）：100-109.

［70］郑联盛. 共享经济：本质、机制、模式与风险［J］. 国际经济评论，2017（06）：45-69+5.

［71］郑联盛. 共享经济：新思维，新模式［J］. 现代企业文化（上旬），2017（06）：52-54.

［72］刘占勇. "共享发展"的社会学研究［J］. 理论与现代化，2017（05）：121-126.

［73］刘纯. 城市公共空间中的共享景观营造［J］. 城市建设理论研究（电子版），2018（11）：28.

［74］张丽，江奇. 贯彻落实五大理念 系统推进城市更新［J］. 中国房地产，2016（28）：58-61.

［75］袁佩桦. 结缘的社会与空间——共享空间在中国居住建筑中的发展［J］. 建筑与文化，2019（02）：70-71.

［76］张娅敏. 论"共建共享"思想的哲学基础［J］. 中共四川省委党校学报，2007（03）：77-79.

［77］原珂. 中国特大城市社区类型及其特征探究［J］. 学习论坛，2019（02）：71-76.

［78］樊洁. 试论社区公共空间的营造与公共生活［J］. 文艺评论，2015（12）：155-156.

［79］陈竹，叶珉. 什么是真正的公共空间？——西方城市公共空间理论与空间公共性的判定［J］. 国际城市规划，2009，24（03）：44-49+53.

［80］郭丹彤，吕淑然，杨凯. 北京市人防工程公益化利用存在的问题及建议［J］. 城市管理与科技，2015，17（02）：39-42.

［81］徐生钰，陈璐，朱宪辰. 小区防空地下室产权与维护管理模式比较分析［J］. 地下空间与工程学报，2018，14（05）：1161-1169.

［82］陈瞰. 百万庄：新中国的居住样本［J］. 中华遗产，2016（10）：120-133.

［83］钱瑾，任建武. 北京观光农园中景观设计与可食性植物配置［J］. 林业科技通讯，2017（12）：63-66.

［84］王洪成，曹烨琪. 城市老旧社区可食景观营造策略研究［J］. 中国名城，2019（12）：11-17.

研究报告

［85］Urban Sharing Team.Urban Sharing in Amsterdan［R］. 2019.

［86］国家统计局. 中华人民共和国2018年国民经济和社会发展统计公报［R］. 2019年2月.

［87］中国互联网络信息中心. 第42次中国互联网发展状况统计报告［R］. 2018年7月.

［88］国家信息中心分享经济研究中心. 中国共享经济发展报告2020［R］. 2020年3月.

［89］国家信息中心分享经济研究中心，中国互联网协会分享经济工作委员会. 中国共享经济发展年度报告2018［R］. 2018年2月.

［90］国家信息中心信息化研究部，中国互联网协会分享经济工作委员会. 中国分享经济发展报告2016［R］. 2016年2月.

［91］Ministry of Transport. Traffic in Towns: A Study of the Long Term Problems of Traffic in Urban Areas［R］. London: Her Majesty's Stationery Office, 1963.

学位论文

[92] FOGELE B.Socio-technical transitions: a case study of co-housing in London [D] London: King's College, 2016.

[93] 刘阳. 基于文化资本的社区更新研究 [D]. 重庆：重庆大学，2016.

[94] 刘元. 基于社区营造的城市社区文化产业发展模式研究 [D]. 天津：天津大学，2015.

[95] 张琦. 小街区规制下生活性街道共享设计研究——以成都小街区为例 [D]. 成都：西南交通大学. 2018

[96] 黄秋实. 南京老城社区型共享街道空间建构与活力营造——以成贤街-碑亭巷-延龄巷为例 [D]. 南京：东南大学. 2017.

[97] 张睿. 国外"合作居住"社区研究 [D]. 天津：天津大学，2011.

[98] 余思尧. 共享城市背景下的青年共享社区模式探索 [D]. 上海：上海交通大学，2018.

[99] 童妙. 社区营造模式下戴家巷社区更新研究 [D]. 重庆：重庆大学，2016.

[100] 屈亚茹. 存量空间视角下老旧居住区渐进式更新的规划策略研究——以郑州市中原区国棉厂片区为例 [D]. 郑州：郑州大学，2017.

[101] 岳晓峰. 马克思主义哲学视阈下的共享发展理念 [D]. 北京：中共中央党校，2017.

[102] 李峰. 日常生活视角下城市社区公共空间更新研究——以水井坊社区更新为例 [D]. 成都：西南交通大学，2015.

会议论文

[103] 孙立. 基于共享理念的社区微更新路径研究——以北京地瓜社区为例 [G] //中国城市规划学会，东莞市人民政府. 持续发展 理性规划——2017中国城市规划年会论文集（20住房建设规划）. 中国城市规划学会，2017：99-113.

[104] 赵灵佳. 共享城市背景下城市口袋公园弹性策略研究 [G] //中国城市规划学会，杭州市人民政府. 共享与品质——2018中国城市规划年会论文集（07城市设计）. 中国城市规划学会，2018：7.

[105] 吴宦漳. 共享经济新趋势对城市空间的影响与规划应对 [G] //中国城市规划学会，杭州市人民政府. 共享与品质——2018中国城市规划年会论文集（16区域规划与城

市经济）. 中国城市规划学会，2018：8.

［106］王晶. 共享居住社区：国际经验及对中国社区营造的启示［G］//中国城市规划学会，
沈阳市人民政府. 规划60年：成就与挑战——2016中国城市规划年会论文集（17住
房建设规划）. 中国城市规划学会，2016：11.

［107］王晶. ICT影响下共享空间的兴起：机制、趋势与应对［G］//中国城市规划学会，
东莞市人民政府. 持续发展 理性规划——2017中国城市规划年会论文集（16区域规
划与城市经济）. 中国城市规划学会，2017：11.

［108］常铭玮，袁大昌. 共享经济视角下居住空间与居住模式探索［G］//中国城市规划学
会，东莞市人民政府. 持续发展 理性规划——2017中国城市规划年会论文集（20住
房建设规划）. 中国城市规划学会，2017：9.

［109］杨心蔚，陈云霞. 存量规划背景下青年共享社区居住模式初探——以深圳集悦城为
例［G］//中国城市规划学会，东莞市人民政府. 持续发展 理性规划——2017中国城
市规划年会论文集（02城市更新）. 中国城市规划学会，2017：12.

［110］贾梦圆. 老旧社区可持续更新策略研究——新加坡的经验及启示［G］//中国城市规
划学会，沈阳市人民政府. 规划60年：成就与挑战——2016中国城市规划年会论文
集（17住房建设规划）. 中国城市规划学会，2016：10.

网络资源

［111］符陶陶. 共享经济时代，城市公共空间新玩法.［EB/OL］.（2016-06-09）［2019-03-
16］. https://mp.weixin.qq.com/s?__biz=MzA3MTE4Mzc5OA==&mid=2658450837&idx
=3&sn=8f084934770fa9439e80da7f3c8a5f2d&scene=21#wechat_redirect.

［112］一米菜园，是菜也是景！衢州掀起菜园革命［EB/OL］.（2019-10-22）［2020-06-16］.
https://baijiahao.baidu.com/s?id=1648046970178984728&wfr=spider&for=pc.

［113］Cohousing in the UK［EB/OL］.［2020-05-20］. http://www.cohousing.org.uk/.

［114］Sharing Cities Sweden［EB/OL］.［2020-05-20］. https://www.sharingcities.se.

［115］SHARING CITIES SWEDEN［EB/OL］.［2020-05-20］. http://www.sustainordic.com/
portfolio/items/sharing-cities-sweden.

［116］Milan's Sharing City Policy Strategy［EB/OL］.［2020-05-18］. https://wiki.
p2pfoundation.net/Milan%27s_Sharing_City_Policy_Strategy.

［117］Amsterdam Sharing City［EB/OL］.［2020-05-18］. https://www.iamsterdam.com/en/business/news-and-insights/sharing-economy/amsterdam-sharing-city.

［118］"The Sharing City Seoul" Project［EB/OL］.［2020-05-16］. http://english.seoul.go.kr/policy-information/key-policies/city-initiatives/1-sharing-city/.

［119］Malmö stad［EB/OL］.［2020-05-18］. https://malmo.se.

［120］Sharing Cities［EB/OL］.［2020-05-18］. http://www.sharingcities.eu.

［121］공유도시 서울 추진계획［EB/OL］.［2020-05-16］. https://opengov.seoul.go.kr/public/64161.

［122］서울특별시 공유 촉진 조례［EB/OL］.［2020-05-16］. http://www2.seoul.go.kr/web2004/seoul/citynews/sibo2013/sibo_view.html?cnSeq=NzcwMA==&tr_code=snews.

［123］서울특별시 공유 촉진 조례 시행규칙［EB/OL］.［2020-05-16］. http://www2.seoul.go.kr/web2004/seoul/citynews/sibo2013/sibo_view.html?cnSeq=NzgwMw==&tr_code=snews.

［124］Mountain View Cohousing Community［EB/OL］.［2020-05-20］. http://mountainviewcohousing.org/.

［125］LILAC Low Impact Living Affordable Community［EB/OL］.［2020-05-20］. http://www.lilac.coop/.

［126］シェアハウスという暮らし方［EB/OL］.［2020-05-22］. https://house.muji.com/life/clmn/sumai/sumai_140218/.

［127］LT城西［EB/OL］.［2020-05-22］. https://lt-josai.com/.

［128］Earthsong Eco Neighbourhood［EB/OL］.［2020-05-22］. https://www.earthsong.org.nz.

［129］Belterra Cohousing［EB/OL］.［2020-05-22］. http://www.belterracohousing.ca/.

附录

—

附录一　基于共享理念的社区更新调查报告

为更全面地了解"共享"理念对社区更新的适用性与可行性，笔者曾于2018～2019年间在北京、上海、深圳、成都等国内大城市展开相关调查研究。通过问卷调查、非参与式观察、交流访谈、实地勘测等方式收集相关数据与信息，经整理分析形成本报告。本报告分为综合调查与案例调查两部分，与正文内容相辅相成。

一、综合调查

（一）问卷设计

（1）目的

为了更好地了解社区居民对"共享"理念的认知，掌握社区居民对于将"共享"理念运用于社区更新的意愿、需求和兴趣点，挖掘社区闲置资源的类型与现状特征，笔者进行了相关问卷调查工作。

（2）样本城市选择

为了更好地体现"共享"理念对于不同种类社区及多元人群的普遍适用性，需选择社区种类丰富及社区人群背景构成较为复杂的城市。北京作为国内超大型城市，符合问卷调查需求，故笔者选择北京市作为调查数据来源地。

（3）问卷调查方法

笔者于2018年6月至9月期间通过实地走访以及网络平台的方式对北京市展开问卷调查，调查对象尽可能覆盖不同类型的社区以及多元背景的居民，以涵盖多元的认知。本次调查共发放问卷380份，收回有效问卷356份，回收率93.68%。

（4）问卷构成

本问卷内容共分为三个部分。题目与选项的设计主要依据前期理论研究、居民访谈以及专家建议（表1）。

基于共享理念的社区更新调查问卷结构 表1

问题类别	题号	详细内容
基本信息	1~5	包括问卷对象的性别、年龄、学历、职业以及所居住的社区类型
共享资源与空间	6~18	社区居民共享资源的意愿、居民闲置资源的数量及类型、居民对共享空间的兴趣度与需求度、社区闲置空间的数量及类型、共享空间的特征及用途等
共享意义与机制	19~25	社区共享空间的意义；基于共享理念的社区更新的意义、策略、实施主体等；"共享"理念的内涵等

（二）问卷原文

尊敬的先生/女士，您好！

　　随着共享经济发展，我们已进入共享文明时代，共享理念已深刻影响着我们的观念和生活。为了更好地将"共享"理念融入社区更新中，我们需要了解您的想法及建议，希望您能够积极参与下面的问卷调研，我们将对您的回答完全保密。谢谢您的配合和支持。

　　1. 请问您的性别是：

　　A. 男　　　　　　　　　　　B. 女

　　2. 请问您的年龄是：

　　A. 17岁及以下　　　　　　　B. 18~44岁

　　C. 45~59岁　　　　　　　　D. 60岁及以上

　　3. 请问您的学历是：

　　A. 高中及以下　　　　　　　B. 大专

　　C. 本科　　　　　　　　　　D. 硕士及以上

　　4. 请问您的职业是：

　　A. 学生　　　　　　　　　　B. 教师

　　C. 公务员　　　　　　　　　D. 事业单位员工

　　E. 科研工作者　　　　　　　F. 企业职工

G. 医护工作者   H. 服务业人员

I. 自由职业者   J. 律师

K. 设计师   L. 工人

M. 其他

5. 请问您所在的社区类型为：

A. 普通商品房社区   B. 单位大院型社区

C. 历史文化型街区   D. 保障房、回迁房社区

E. 棚户区、城中村等

6. 请问当您在生活中需要某种生活物品或技能时，是否需要社区其他居民给予帮助？

A. 需要   B. 不需要

7. 如果您有闲置的资源，请问您愿意利用社区资源共享空间与其他居民分享吗？

A. 愿意   B. 不愿意

8. 请问您家中闲置的资源数量是：

A. 有很多   B. 有，但不多   C. 没有

9. 请问您家中有哪些闲置资源？（多选题）

A. 专业技能服务，如家政、家教、艺术培训等

B. 应急物品如雨伞、药品、拐杖、轮椅等

C. 母婴产品，如儿童玩具、婴儿车等

D. 书籍、杂志、报纸等   E. 家电、家具等

F. 电子产品   G. 衣物   H. 其他

10. 请问您会对下列哪种类型的共享空间感兴趣？（最多选4个）

A. 共享客厅：社区共享客厅以为社区居民提供多元化的"公共交往"与"日常生活"空间为主要特征，可辅助文化、娱乐、休闲等功能

B. 共享绿地：指的是社区居民可以参与种植、养护与管理的绿地、花园、菜园等公共生态空间

C. 资源共享空间：是为社区居民分享闲置物资、生活物品与人力技能等提供集中平台的公益性空间，是最具共享经济特征的空间形式，资源共享空间通过鼓励居民之间相互分享资源的方式，引导居民互帮互助，打造社区共享生态链和绿色节约的生

活方式，促进社区资源优化配置，满足居民日常生活需求，改善邻里关系并增加居民之间的相互信任

D. 共享书屋：是社区资源共享空间的典型代表，是居民分享书籍、杂志、报刊等阅读类资源为主的公益性空间

E. 共享厨房：以服务居民"食"的需求为主，为居民分享美食与厨艺提供新型公共空间

F. 共享地下空间：指将社区中闲置的地下室、人防工程等进行公益性更新改造，形成居民共享的公共空间。将闲置的地下空间更新利用可以缓解社区地上空间紧张，弥补配套设施不足，改善社区生态环境

G. 共享日常生活设施：指将居民日常使用的生活设施集中布置在社区公共空间或公共建筑内，如共享洗衣房、共享健身房、共享手工坊、共享摄影室、共享音乐室等

H. 共享公共服务设施：是指社区境内或周边的单位机关、学校、文体场所、公益机构等公共服务设施闲置时期的停车位、多功能厅、活动室、体育场地、厕所等空间资源，通过"错时"开放共享的方式，与居民的日常活动需求相结合，使居民更好地享受城市生活的便利

11. 请问您所在的社区是否有共享空间？

A. 有 　　　　　　　　　　　　B. 没有

12. 您希望您所在的社区拥有共享空间吗？

A. 希望 　　　B. 不希望 　　　C. 无所谓

13. 请问您所在的社区是否有资源共享空间？

A. 有 　　　　　　　　　　　　B. 没有

14. 您希望您所在的社区拥有资源共享空间吗？

A. 希望 　　　B. 不希望 　　　C. 无所谓

15. 请问您所在的社区是否有闲置或利用率不足的空间？

A. 有 　　　B. 没有 　　　C. 没注意

16. 请问您所在的社区闲置空间的类型有哪些？（多选题）

A. 闲置建筑或房屋 　　　　　　B. 闲置地下空间

C. 荒废绿地

D. 周边公共设施中的闲置空间（如社区境内或周边的单位机关、学校、文体场所、公益机构等公共服务设施闲置时期的停车位、多功能厅、活动室、体育场地等空间）

E. 其他

17. 您觉得社区共享空间应具备哪种特征？（多选题）

A. 应满足社区多元人群的使用需要

B. 多方参与、自下而上的空间营造方式

C. 空间的使用权可以"错时"利用

D. 线上空间与线下空间相互结合

E. 功能更具弹性，可容纳丰富的社区活动

F. 空间能够24小时运营与开放

G. 有公共Wi-Fi

18. 如果您的社区存在共享空间，您会用来做什么？（多选题）

A. 与朋友交流聚会　B. 认识新朋友和邻居

C. 阅读、学习、工作等　　　　D. 举办或参与社区活动

E. 分享闲置物品或专业技能　　　　F. 休闲、娱乐、看电影等

G. 其他

19. 请问您觉得社区共享空间的意义是什么？（多选题）

A. 为居民分享生活或分享闲置物品提供场所

B. 激活社区闲置空间　　　　C. 提升社区环境品质

D. 促进居民交流　　　　E. 满足居民的公共活动需求

20. 请问您觉得将共享理念融入社区规划建设及更新改造中有什么意义？（多选题）

A. 通过居民之间分享资源，促进居民之间相互交流

B. 盘活社区闲置资源，物尽其用　　　　C. 方便居民生活，降低生活成本

D. 提升社区空间环境品质　　　　E. 提高社区空间利用效率

F. 形成互帮互助的社区氛围　　　　G. 通过闲置物品分享获得增值服务

H. 其他

21. 请问您觉得如何将"共享"理念融入您的社区中？（最多选3个）

A. 营造社区共享空间　　　　B. 组织社区共享活动

C. 打造网络共享平台　　　　　　D. 引导居民多元参与

E. 激活社区闲置的资源或空间　　F. 引入第三方组织或机构

22. 请问您觉得在共享社区建设中，哪一方应发挥主要力量？（多选题）

A. 政府　　　　　　　　　　　　B. 居民

C. 企业　　　　　　　　　　　　D. 社会团体

E. 大学　　　　　　　　　　　　F. 全部

23. 您希望将"共享"理念融入您所在的社区规划、管理、更新改造中吗？

A. 希望　　　　　B. 不希望　　　　　C. 无所谓

24. 您是如何理解"共享"理念的？（多选题）

A. 包容、公平、人人平等的发展理念

B. 以使用权转移为特征的资源分享模式

C. 共商、共建、共享的社会建设格局

25. 非常感谢您的支持！请问您还有其他建议与意见吗？（请您写在下面）

_____

_____

（三）数据统计

（1）基本信息

在356份有效调查问卷中，男女性别比例相当，不同性别、年龄段、学历、职业及社区类型都占据一定比例，样本基本涵盖不同种类社区中多元居民对社区共享式更新的认知情况（图1~图5）。

（2）共享资源与空间

调查问卷显示，91.01%的受访者愿意将自家中闲置资源或自身技能分享给其他居民，73.03%的受访者在生活中需要某种物品或技能时希望邻里给予帮助。而同时，高达98.31%的受访者认为自家中有一定数量的闲置资源，种类按数量多少依次是书刊报纸类（70.79%）、应急物品类（54.78%）、衣物（47.47%）、家电家具（37.08%）、母婴产品类（35.11%）、电子产品等（26.97%）、专业技能服务（23.88%）等。这一组数据提示，社区资源共享的潜力、可行性与居民的可参与度较高（图6~图9）。

走向共享社区——基于共享理念的社区更新之道

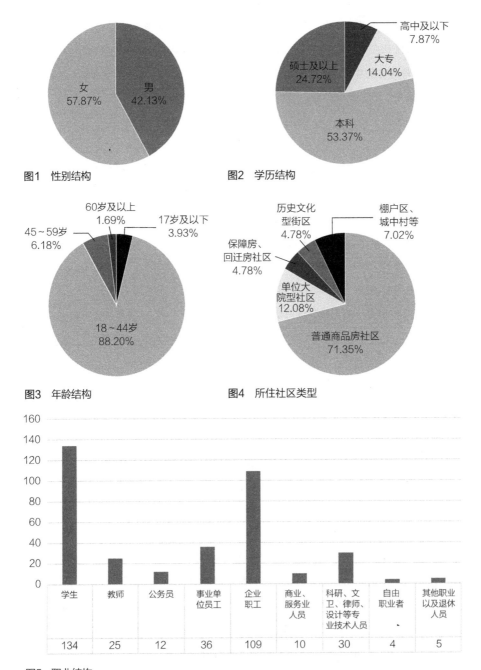

图1　性别结构

图2　学历结构

图3　年龄结构

图4　所住社区类型

图5　职业结构

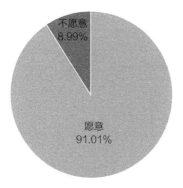

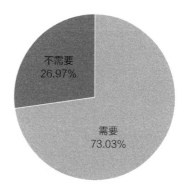

图6 受访者是否愿意通过社区资源共享空间 将闲置资源与其他居民共享

图7 当受访者需要某种生活用品或技能时， 是否需要邻里提供帮助

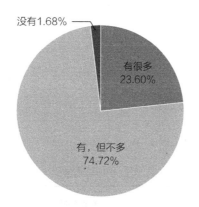

图8 受访者家中闲置资源数量调查

　　根据文献研究确定主要的社区共享空间类型，并通过问卷调查居民对不同类型共享空间的兴趣度（表2，图10）。根据本次调查结果，居民对共享空间的兴趣度依次是共享公共服务设施（70.79%）、共享客厅（66.29%）、资源共享空间（62.36%）、共享绿地（60.07%）、共享书屋（56.18%）、共享地下空间（55.62%）、共享厨房（41.29%）、共享日常生活设施（30.06%）。本组数据提示，在基于共享理念的社区更新之中，可优先考虑共享公共服务设施、共享客厅、资源共享空间、共享绿地等兴趣度较高的空间形式。

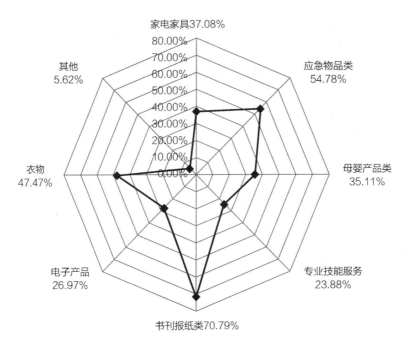

图9　受访者家中闲置资源种类调查

社区共享空间类型	详细说明	居民兴趣度
共享客厅	社区共享客厅以为社区居民提供多元化的"公共交往"与"日常生活"空间为主要特征，可辅助文化、娱乐、休闲等功能	66.29%
共享绿地	指的是社区居民可以参与种植、养护与管理的绿地、花园、菜园等公共生态空间	60.67%
资源共享空间	是为社区居民分享闲置物资、生活物品与人力技能等提供集中平台的公益性空间，是最具共享经济特征的空间形式	62.36%
共享书屋	是社区资源共享空间的典型代表，是居民分享书籍、杂志、报刊等阅读类资源为主的公益性空间	56.18%

社区共享空间类型及居民兴趣度　　　　　　　表2

续表

社区共享空间类型	详细说明	居民兴趣度
共享厨房	以服务居民"食"的需求为主,为居民分享美食与厨艺提供新型公共空间	41.29%
共享地下空间	指将社区中闲置的地下室、人防工程等进行公益性更新改造,形成居民共享的公共空间	55.62%
共享日常生活设施	指将居民日常使用的生活设施集中布置在社区公共空间或公共建筑内,如共享洗衣房、共享健身房、共享手工坊、共享摄影室、共享音乐室等	30.06%
共享公共服务设施	是指社区境内或周边的单位机关、学校、文体场所、公益机构等公共服务设施闲置时期的停车位、多功能厅、活动室、体育场地、厕所等空间资源与居民共享	70.79%

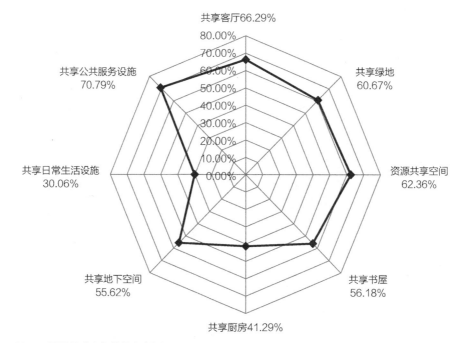

图10　居民最感兴趣的共享空间调查

调查问卷显示，高达85.11%的受访者表示希望所在社区存在共享空间，但是仅30.06%的受访者所在社区中存在着类似的共享空间。此外，针对最具共享经济特征的空间形式——资源共享空间，75.28%的受访者表示希望所在社区存在资源共享空间，但是仅24.72%的受访者所在社区中存在着类似的资源共享空间。本组数据提示，社区共享空间需求度较高，但实际供给较少，表现出居民需求与供给失衡的状态（图11~图14）。

而根据正文的研究，社区中的存量空间是基于共享理念的社区更新的重要空间来源。调查问卷显示，71.35%的受访者表示所在社区存在着闲置或利用率不足的空间，

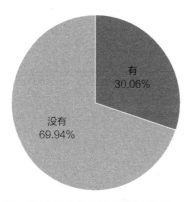

图11　受访者所在社区是否有共享空间

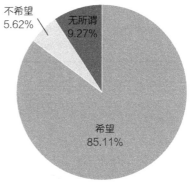

图12　受访者是否希望所在社区拥有共享空间

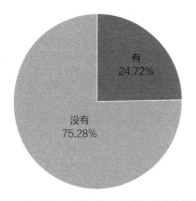

图13　受访者所在社区是否有资源共享空间

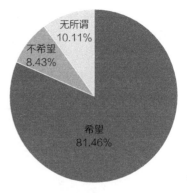

图14　受访者是否希望所在社区有资源共享空间

主要类型包括周边公共设施中的闲置空间（59.27%）、闲置建筑或房屋（50.56%）、荒废绿地（46.63%）、闲置地下空间（35.96%）等。本组数据提示，社区存量空间数量较大，类型较为丰富，也体现出基于共享理念的社区更新有一定的空间基础（图15、图16）。

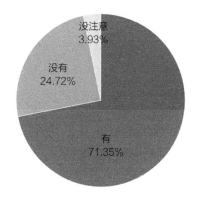

图15 受访者所在社区是否有闲置或利用率不足的空间

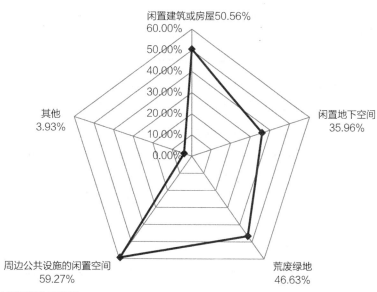

图16 社区闲置空间类型

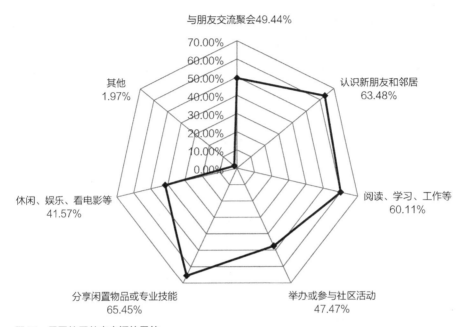

图17 居民使用共享空间的目的

　　调查问卷显示，如果社区中存在共享空间，居民的使用目的依次是分享闲置
物品或专业技能（65.45%）、认识新朋友和邻居（63.48%）、阅读学习以及工作等
（60.11%）、与朋友交流聚会（49.44%）、举办或参与社区活动（47.47%）、休闲娱乐以
及看电影等（41.57%）、其他（1.97%）。此外，受访者表示，社区共享空间应具备的
特征依次是应满足社区多元人群的使用需要（71.07%）、多方参与以及自下而上的空
间营造方式（68.82%）、线上空间与线下空间相互结合（61.25%）、功能更具弹性，可
容纳丰富的社区活动（58.15%）、空间的使用权可以"错时"利用（55.90%）、有公共
WiFi（41.85%）、空间能够24小时运营与开放（34.55%）。本组数据提示，社区共享空
间用途较为广泛，能满足居民的多种需要。此外，本组数据也为社区共享空间提供了
一些设计原则（图17、图18）。

　　（3）共享意义与机制

　　根据调查问卷，受访者认为社区共享空间对促进居民交流（68.54%）、满足居
民的公共活动需求（62.36%）、提升社区环境品质（60.67%）、激活社区闲置空间

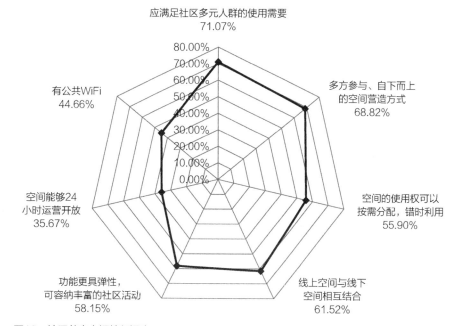

应满足社区多元人群的使用需要
71.07%

有公共WiFi
44.66%

多方参与、自下而上
的空间营造方式
68.82%

空间能够24
小时运营开放
35.67%

空间的使用权可以
按需分配，错时利用
55.90%

功能更具弹性，
可容纳丰富的社区活动
58.15%

线上空间与线下
空间相互结合
61.52%

图18 社区共享空间特征调查

（56.74%）、为居民分享生活或闲置物品提供场所（53.93%）等具有积极意义。此外，居民认为将"共享"理念融入社区更新的意义依次是盘活社区闲置资源，物尽其用（77.53%）、通过居民之间分享资源，促进居民之间相互交流（75.84%）、方便居民生活，降低生活成本（67.98%）、形成互帮互助的社区氛围（58.99%）、提高社区空间利用效率（46.91%）、通过闲置物品分享获得增值服务（42.13%）、提升社区空间环境品质（36.52%）、其他（1.97%）。本组数据提示，共享空间以及基于共享理念的社区更新对社区的空间及人文环境都有积极的作用（图19、图20）。

　　根据调查问卷统计，居民认为将"共享"理念融入社区更新的主要策略依次是引导居民多元参与（73.88%）、营造社区共享空间（63.76%）、打造网络共享平台（60.11%）、组织社区共享活动（56.46%）、激活社区闲置的资源或空间（41.85%）、引入第三方组织或机构（32.87%）（图21）。

　　根据调查问卷统计，67.98%的受访者认为在基于共享理念的社区更新中，居民应发挥主要力量；53.93%的受访者认为是政府；43.82%的受访者认为是社会团体；

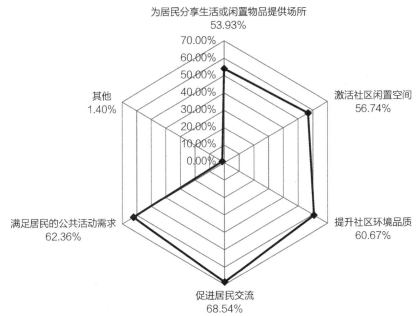

图19　社区共享空间的意义调查

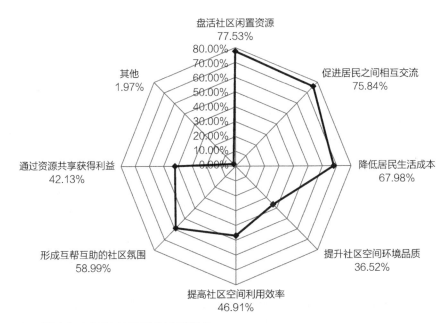

图20　"共享"理念融入社区更新的意义调查

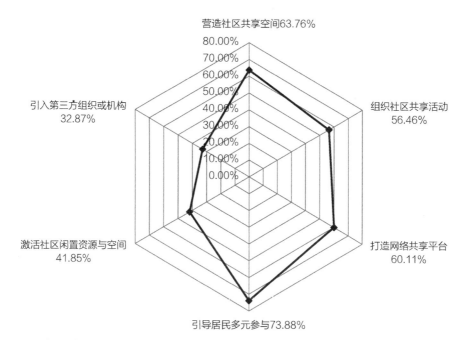

图21 "共享"理念融入社区更新的主要策略调查

33.43%的受访者认为是企业；25.82%的受访者认为是大学与规划设计院；认为以上全部参与体都应发挥主要力量的占52.25%（图22）。

根据调查问卷统计，高达89.89%的受访者表示希望将"共享"理念运用到所在社区的更新改造之中（图23）。

关于"共享"理念的内涵，81.46%的居民认为是一种相互分享的资源配置方式，60.67%的居民认为是一种包容、公平、人人平等的发展理念，45.51%的居民认为是一种共商共建共享的运营模式（图24）。

（四）综合分析

本次调查问卷，受访者男女性别比例相当，不同年龄段、学历、职业也均占有一定的比例，特别是受访者所在社区涵盖普通商品房社区、单位大院型社区、历史文化型街区、保障房或回迁房社区、棚户区或城中村等不同种类社区，虽然问卷数量有限，但仍具有一定的代表性与可参考性。综合分析调查数据，得出以下结论。

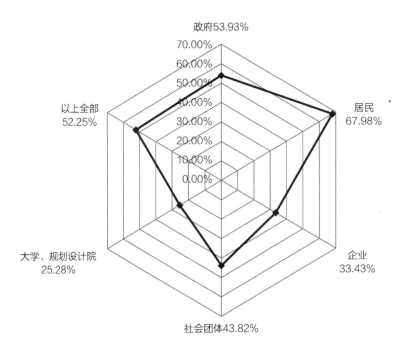

图22 基于共享理念的社区更新的主要实施主体调查

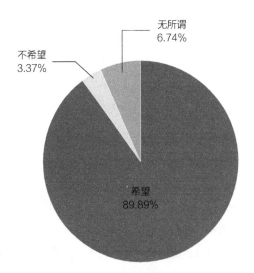

图23 受访者是否希望将"共享"理念融入所在社区的更新改造中

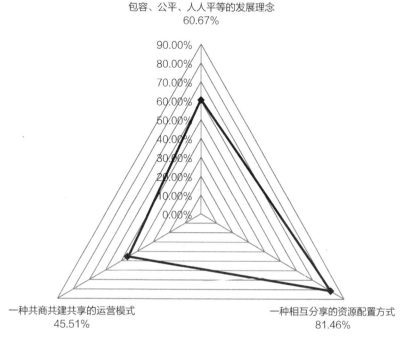

图24　受访者对"共享"理念内涵的理解调查

（1）基于共享理念的社区更新潜力与可行性较高

更新潜力表现在两方面，一是社区存量空间方面，根据正文的研究，社区存量空间是基于共享理念的社区更新的最主要的靶向空间，而根据调查数据，70%以上的受访者表示所在社区存在着空间闲置或利用率不足的情况，涉及周边公共设施中的闲置空间、闲置建筑或房屋、荒废绿地、闲置地下空间等多种形式，因此可见，基于共享理念的社区更新在空间来源方面有着较大的挖掘潜力；二是社区存量生活与技能资源方面，根据正文的研究，基于共享理念的社区更新不仅强调通过空间更新，更希望通过空间更新链接更广泛的社区存量资源，形成社区共享生态链，使社区资源按需分配，实现资源的高效利用，打造绿色生态的生活环境，培育居民绿色生活与社区协作的意识，促进资源节约型、环境友好型社会的建设，而根据调查数据，高达98%的受访者表示自己家中拥有一些可共享的闲置生活与技能资源，涵盖书刊报纸类、应急物品类、衣物、家电家具、母婴产品类、电子产品等、专业技能服务等社区生活各方面内容，并且当其他居民需要这些资源时，90%以上受访者表示愿意将这些闲置资源予以分享，因此可见，社区居民的存量生活与技能资源也有着较大的挖掘潜力，通过将"共享"理念运用到社区更新或管理中，可使这些存量资源激活，并产生更多的人文效益。

可行性则表现在更新潜力较大（前文所述）及较好的民意基础。调查数据显示，约90%的受访者希望将"共享"理念运用于所在社区的更新与管理中，约85%的受访者表示希望所在社区拥有共享空间，主要原因是受访者普遍认为运用"共享"理念，可以更好地盘活社区闲置空间或资源以物尽其用，通过资源共享促进邻里交流，降低生活成本，助推互帮互助的社区邻里氛围，从而提高社区生活的质量。两组数据均体现了"共享"理念的较高需求度以及较好的民意基础，使得基于共享理念的社区更新的可行性进一步提高。

综合上述分析，不仅体现出共享理念运用到社区更新的较高可行性，也体现出一定的必要性。

（2）社区共享空间需求度较高

根据正文的研究，基于共享理念的社区更新的核心议题是营造社区共享空间。调查数据显示，85%以上的受访者希望所在社区中拥有更多的共享空间。至于共享空间的类型，受访者对共享客厅、共享绿地、资源共享空间、共享书屋、共享厨房、共享地下空间、共享日常生活设施、共享公共服务设施等形式均表现出一定的兴趣度，其中，共享公共服务设施、共享客厅、资源共享空间、共享绿地的居民兴趣度均超过60%，这也体现出受访者对社区共享空间有较高且多元的需求。但是，调查数据也显示，约70%的受访者所在社区无共享空间，体现社区共享空间还存较大的缺口，共享空间的需求与供给尚不平衡。

此外，关于社区共享空间应具备的特征，多数受访者（＞55%）表示，社区共享空间的特征应包括：①社区共享空间更加关注居民的差异性，通过多种手段，满足儿童、青年、中老年等多元人群及多时段的使用需要；②共享空间的营造方式是政府、居民、社会力量等多方参与的自下而上的模式，其中居民是重要的空间建设者及资源提供者；③社区共享空间与社区线上平台形成良好的互动，通过网络平台链接更广泛的社区资源，打破空间使用的时空局限，让更多的居民有机会接触到空间；④社区共享空间的功能更具弹性，可容纳丰富的社区活动，并通过活动的营造进一步提升空间的场所魅力，为居民分享生活提供载体；⑤类似共享经济模式，共享空间的使用权可以通过某种中介平台按需分配，或者空间所承载的资源可在居民之间相互分享。这些特征为社区共享空间的规划设计提出一些要求与原则，也体现出社区传统公共空间与社区共享空间在服务人群、营造方式、空间功能、运营主体、空间形式、使用方式等方面的不同之处。

（3）"共享"理念的多元化特征

"共享"理念的多元性表现在内涵、更新策略、实施主体等方面的非单一性。

①规划视角下的"共享"理念内涵

根据正文的研究，规划视角下的"共享"理念内涵主要包括三个方面，一是平等包容的人文价值观，体现城市规划的人文关怀；二是一种以使用权转移为基础的资源分享模式，体现城市规划的集约导向；三是一种共商共建的社会协作模式，体现城市规划的公共属性。调查数据显示，受访者对以上三方面的认知虽有所分化但都有一定的认可度，其中受访者最认可的是将"共享"当作一种资源分享模式（81.5%），其次是包容平等的规划理念（60.7%），然后是共商共建的运营模式（45.5%）。因此，基于共享理念的社区更新，应尽量体现以上三个方面的含义，使"共享"理念的落实更加全面。

②基于共享理念的社区更新策略

调查数据显示，受访者对更新策略的认知也基本涵盖了"共享"理念内涵，其中受访者最认可的是引导居民多元参与，其次是营造社区共享空间，然后是打造网络共享平台、组织社区共享活动、激活社区闲置的资源或空间、引入第三方组织或机构等。因此，为更好地在社区更新中植入"共享"理念，应充分运用以上的策略体系。在正文研究中，基于共享理念的社区更新总体策略体系与调查数据相呼应，概括为空间、实施、运营、技术四个层面。在空间层面，强调以社区存量空间作为主要的切入点；在实施层面，强调打造包含政府、居民、第三方组织在内的多方参与格局；在运营层面，强调组织策划以共享为主题的社区活动；在技术层面，"互联网+"强调打造社区网络共享空间。

③基于共享理念的社区更新的实施主体

根据正文的研究，社区更新的受益群体也应是社区更新的实施主体，因此，调动所有利益相关者的参与社区更新的积极性是基于共享理念的社区更新的重要支撑条件。其中，居民是最大的受益群体，也应是重要的实施主体，要充分唤醒居民作为社区更新的重要劳动力及资源提供者的角色，而不仅仅停留在更新决策与协商的过程，这也是与其他类型更新模式相比的不同点。政府在以往的社区更新实践中一般会占据最主导的地位，对管理成本造成较大的压力，在共享时代，政府应将更多的建设责任转移给居民或其他社会力量。而社会第三方团队是社区更新中日益兴起的公益力量，他们在社区更新中虽没有直接的利益关系，但发挥着越来越重要的作用。调查问卷也充分印证了以上内容，数据显示，约70%的受访者认为"居民"应发挥最主要的更新力量，不仅使居民参与到空间的决策阶段，更应引导居民参与空间的设计、建设与管理。当居民从简单的空间使用者的身份转变为空间的决策者、建设者、管理者时，空间的共享才会更好的实现。其次，受访者认为其他的实施主体依次是政府、社会团体、企业、大学与规划设计院等。此外需要指出的是，50%以上的受访者认为包括居民、政府、第三方等在内的社会各方面力量都应肩负更新的责任，这充分体现出基于共享理念的社区更新是一个自上而下与自下而上相互结合的过程，更是一个共商共建共享的过程。

二、案例调查

2016年以来，随着共享理念的不断深入人心及共享经济的快速发展，我国北京、上海、成都、佛山等国内城市的一些社区已尝试将共享理念融入不同类型的社区空间更新实践中，从不同角度诠释了共享理念，并产生了不同类型的社区共享空间。因此，本报告旨在收集并分类整理这些实践案例，总结共同特征与共享空间类型，然后选取较为成熟的案例进行实地调查研究，总结成功经验与内在机制，为进一步研究基于共享理念的社区更新策略提供基础。

因案例调查部分的概况综述、成熟案例选取、数据统计、整体分析等内容已在正文第三章论述，故下文仅展示案例调查问卷的原文。

地瓜社区调查问卷

尊敬的先生/女士，您好！

我们是北京建筑大学城乡规划学专业的研究生，现正在进行关于地瓜社区的调查活动。我们真诚希望得到您的一些看法，谢谢合作！

1. 您的性别：

A. 男   B. 女

2. 您的身份：

A. 本社区居民   B. 访客

3. 您的年龄：

A. 17岁及以下   B. 18~44岁

C. 45~59岁   D. 60岁及以上

4. 您对地瓜社区的总体满意度：

A. 满意   B. 比较满意   C. 不满意

5. 您经常来地瓜社区活动吗？

A. 偶尔   B. 经常   C. 几乎不

6. 您一般在地瓜社区停留多长时间？

A. 30分钟以下   B. 30~60分钟

C. 60~120分钟   D. 120分钟以上

7. 您日常来地瓜社区的时间段：

A. 10：00以前   B. 10：00~12：00

C. 12：00~14：00   D. 14：00~16：00

E. 16：00~18：00   F. 18：00~20：00

G. 20：00以后

8. 您最喜欢地瓜社区哪一个功能？

A. 共享客厅   B. 邻里茶吧   C. 共享玩具   D. 私人影院

E. 台灯书房   F. 创享教室   G. 创新部落   H. 图书馆

I. 理发室   J. 健身房   K. 展览墙

9. 您认为地瓜社区成立的意义是什么？

A. 完善社区配套   B. 提升社区空间品质

C. 丰富社区活动   D. 方便照看小孩

E. 提高资源利用效率   F. 提升社区空间品质

G. 促进邻里交流   H. 其他

10. 非常感谢您的支持！请问您还有其他建议与意见吗？（请您写在下面）

_____

_____

白塔寺社区共享客厅调查问卷

尊敬的先生/女士，您好！

我们是北京建筑大学城乡规划学专业的研究生，现正在进行关于白塔寺社区共享客厅的调查活动。我们真诚希望得到您的一些看法，谢谢合作！

1. 您的性别：

A. 男   B. 女

2. 您的身份：

A. 本社区居民   B. 访客

3. 您的年龄：

A. 17岁及以下   B. 18~44岁

C. 45~59岁   D. 60岁及以上

4. 您对社区共享客厅的总体满意度：

A. 满意   B. 比较满意   C. 不满意

5. 您经常来社区共享客厅活动吗？

A. 偶尔   B. 经常   C. 几乎不

6. 您一般在社区共享客厅停留多长时间？

A. 30分钟以下   B. 30~60分钟

C. 60~120分钟   D. 120分钟以上

7. 您日常来社区共享客厅的时间段：

A. 10：00以前   B. 10：00~12：00

C. 12：00~14：00   D. 14：00~16：00

E. 16：00~18：00   F. 18：00~20：00

G. 20：00以后

8. 您最喜欢社区共享客厅哪一个功能？

A. 共享厨房   B. 茶桌饭座

C. 手工艺展示区   D. "老物件"

9. 您认为白塔寺社区共享客厅成立的意义是什么？

A. 重塑旧时邻里温情   B. 促进社区邻里交流

C. 丰富社区公共活动   D. 再生社区人文记忆

E. 提升社区空间品质   F. 提高资源利用效率

G. 其他

10. 非常感谢您的支持！请问您还有其他建议与意见吗？（请您写在下面）

_____

_____

创智农园调查问卷

尊敬的先生/女士，您好！

    我们是北京建筑大学城乡规划学专业的研究生，现正在进行关于创智农园的调查活动。我们真诚希望得到您的一些看法，谢谢合作！

1. 您的性别：

A. 男   B. 女

2. 您的身份：

A. 本社区居民   B. 访客

3. 您的年龄：

A. 17岁及以下   B. 18～44岁

C. 45～59岁   D. 60岁及以上

4. 您对创智农园的总体满意度：

A. 满意   B. 比较满意   C. 不满意

5. 您经常来创智农园活动吗？

A. 偶尔   B. 经常   C. 几乎不

6. 您一般在创智农园停留多长时间？

A. 30分钟以下   B. 30~60分钟

C. 60~120分钟   D. 120分钟以上

7. 您日常来创智农园的时间段：

A. 10：00以前   B. 10：00~12：00

C. 12：00~14：00   D. 14：00~16：00

E. 16：00~18：00   F. 18：00~20：00

G. 20：00以后

8. 您最喜欢创智农园哪一个功能？

A. 农园服务中心   B. 公共活动广场

C. 互动园艺区   D. 沙坑游戏场

E. 公共农事区   F. 一米菜园

G. 雨水花园

9. 您认为创智农园成立的意义是什么？

A. 提升空间品质   B. 丰富公共活动

C. 共建共享绿地   D. 增加亲子互动

E. 培养儿童兴趣   F. 促进邻里交流

G. 提供种植体验   H. 其他

10. 非常感谢您的支持！请问您还有其他建议与意见吗？（请您写在下面）

_____

附录二　韩国首尔市促进共享计划、条例与实施规则

　　韩国首尔被誉为全球共享城市先驱及典范，是第一座以立法的形式推进城市共享的国际化大都市。首尔市推进共享的计划与法规相对完善，对全世界其他地区建设共享城市及社区均有较好的借鉴意义。本书选取并翻译了三部最具代表性的首尔市推进

共享的计划与法规，分别是《首尔共享城市推进计划》（공유도시 서울 추진계획）、《首尔特别市共享促进条例》（서울특별시 공유 촉진 조례）以及《首尔特别市共享促进条例实施规则》（서울특별시 공유 촉진 조례 시행규칙），旨在分享国际经验，以启迪我国共享城市及社区建设。

首尔共享城市推进计划[①]

공유도시 서울 추진계획

2012年10月

Ⅰ. 计划背景

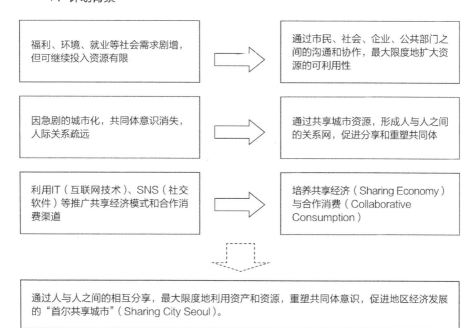

福利、环境、就业等社会需求剧增，但可继续投入资源有限 ➡ 通过市民、社会、企业、公共部门之间的沟通和协作，最大限度地扩大资源的可利用性

因急剧的城市化，共同体意识消失，人际关系疏远 ➡ 通过共享城市资源，形成人与人之间的关系网，促进分享和重塑共同体

利用IT（互联网技术）、SNS（社交软件）等推广共享经济模式和合作消费渠道 ➡ 培养共享经济（Sharing Economy）与合作消费（Collaborative Consumption）

通过人与人之间的相互分享，最大限度地利用资产和资源，重塑共同体意识，促进地区经济发展的"首尔共享城市"（Sharing City Seoul）。

---

① 选译自"공유도시 서울 추진계획"，韩语原文网址：https://opengov.seoul.go.kr/public/64161.

Ⅱ. 共享城市推进方向

■ 共享城市的概念

"共享"（Share）：是指通过分享并充分利用物品、空间、才能、时间、信息等，提高资源的经济价值、社会价值、环境价值的活动。

"共享城市"（Sharing City）：是指通过市民、社会、企业和公共部门的沟通协作，促进共享活动的城市。

■ 共享城市方向

愿景	共同分享，谋求和创造社会价值的共享首尔	
推进方向	以民间领域为中心发掘和实践共享领域	开放公共资源，促进共享以及支持民间共享活动
共享对象	物品共享：同一物品创造更多效用	
	空间共享：挖掘闲置空间，提高利用效率	
	人力共享：分享居民的各种才能和经验	
	时间共享：共同参与以及解决社会问题	
	信息共享：通过公开和沟通创造新价值	

Ⅲ. 推进经过

（1）共享相关团体、企业代表座谈会

时间：2012年9月14日

（2）共享城市听证会

时间：2012年9月24日

（3）促进共享条例立法预告

期间：2012年9月20日～10月10日

（4）促进共享条例腐败、性别、矛盾影响评估

腐败影响评估（审计专员，2012年10月4日）

性别影响分析评估（妇女家庭政策专员，2012年9月19日）

矛盾影响评估（矛盾调解专员，2012年9月14日）

Ⅳ．优先推进项目：20个共享城市项目

类别		优先推进项目	
物品	1-1	共享汽车	城市交通总部
	1-2	共享书屋	首尔革新企划馆
	1-3	社区共享工具房	首尔革新企划馆
	1-4	共享童装平台	首尔革新企划馆
	1-5	市立医院保健所共享医疗设备	福利健康室
	1-6	共享办公设备	财务局
空间	2-1	共享智能停车场	城市交通总部
	2-2	代际共享住宅	首尔革新企划馆
	2-3	体验旅游激活城市民宿计划	文化观光设计本部
	2-4	闲置公共空间激活计划	住房政策室
	2-5	老年福利设施复合利用	福利健康室
	2-6	青年共享社区	住房政策室
人力	3-1	共享"真人图书馆"	首尔革新企划馆
	3-2	首尔企业赞助文化艺术活动	首尔文化财团
	3-3	共享婚礼	市民沟通企划官
时间	4-1	S-JOB共同招聘计划	经济振兴室
	4-2	团购幼儿园福利设施车辆	女性家庭政策室
信息	5-1	首尔共享WiFi计划	信息化企划团
	5-2	首尔照片银行	市民沟通企划官
	5-3	智能共享文化信息	信息化企划团

1-1 共享汽车

（1）推进战略

①以民间自愿推进为原则，推进公共援助，搞活相关事业。

②通过宣传"共享汽车"理念，改善汽车生活文化。

（2）推进方案

停车场及费用减免	➢ 选择并试点民间相关共享企业（2012年11月–2013年10月） ➢ 支持公共停车场停车位（109处，754个），停车费减免50%。 ➢ 支持自治区公共停车场及公共机构停车场
引导企业参与方案	➢ 讨论引进共享汽车企业交通需求管理方案（示范项目效果讨论后） —讨论企业利用共享汽车及支持引导的各种方案
工作目标及预期效果	➢ 到2014年，确保3000辆运营车辆，15万名会员 —到2013年，1000辆运营车辆，会员5万名 ➢ 每年节约家庭支出200万韩元以上的预期经济效益 —利用现有私家车，改为共享汽车，每辆车每年可节省200万韩元以上的家庭支出 ➢ 减少私家车、增加公共交通使用，以实现节能减排 —到2014年节约能源10200TOE，减少温室气体二氧化碳21600吨

1-2 共享书屋

（1）工作概要

①以公寓妇女会等组织为中心，在小图书馆内设置书架，供居民使用。

②引导居民为书架起名，并捐赠家中图书。以子女的名义运营书架，提高参与度。

③请退休员工或志愿者从事管理工作。捐赠图书的居民免费使用，普通居民付费使用，引导图书捐赠活动。

①不仅借书，还通过读书讨论、讲故事等活动激活社区空间。

（2）推进方案

公开募集	对希望运营"共享书屋"项目的公寓居民组织公开招募
选定示范社区	评估社区设施条件与居民意愿后，选定示范社区
经费支持	图书馆改造，书架安装费等经费支持
共享书屋运营	居民自治，由居民主导推进共享书屋项目及居民赠书活动
分享优秀事例	通过"美丽书屋"评选，对优秀事例进行奖励

1-3 共享工具房

（1）共享工具房功能

①维修服务：周末综合维修服务，雨伞，自行车，手表，电子产品等维修，社区维修工周末集市等。

②DIY教室：工具使用方法，房屋修理，缝纫和家居时尚，小家具制作教育等，通过人力捐赠等以低廉的费用运营。

③租赁服务：出租电钻、旅行包、野营用品等"偶尔用的东西"，通过捐赠物品，允许捐赠者免费使用。

（2）推进方案

空间来源	➢ 面向自治区及民间公开征集项目（4所） —所需空间可来着自治区自行车维修中心改扩建，或利用闲置的公共办公楼空间、民间工房、能源站等
运营主体	➢ 选定可以运营出租及修理服务、DIY教室等的团体 —鼓励有相关工作经验的社会企业，非营利性民间团体参与
经费支持	➢ 对选定的经营主体支持初期经费（200万韩元以内） —开发盈利模式，实现社会企业化，确保可持续性

1-4 共享童装平台

（1）共享童装平台概要

①按学校分区分类放置回收箱：贴好个人识别表，将儿童服装放入回收箱（参与者）。

②民间共享运营商的定期回收。

③对回收物品在线登记并进行评价与虚拟货币兑换（共享企业）。

④通过在线平台，将想要的儿童服装用虚拟货币支付部分金额。

（2）推进方案及推进日程

需求调查	➢ 通过与自治区合作开展各学校各地区需求调查（2012年12月）
共享企业及学校的选定	➢ 招募拥有共享平台（网络移动）的民营企业（2家）（2013年1月） ➢ 参与希望学校地区招生（10个），家长50%以上赞成
运营委员会的构成	➢ 家长、学校成立共享企业运营委员会（2013年2月） —对服装换货方式、运营手续费等细节协商
实施与评估	➢ 试点项目实施，评估后完善和扩大（2013年3月）

1-5　市立医院保健所共享医疗设备

（1）推进方案

团购医疗设备	➢ 统一采购TFT，制定运营计划（2012年9月） —组成人员：首尔市、公共卫生医疗援助团、市立医院等20人 ➢ 首尔医院内设立共同购买医疗设备专门组织（2012年下半年） ➢ 各机构单独采购→综合联合采购（2013年） —对象物：医疗设备（10百万韩元以上），医药品等 —对象医院：市立医院9所，保健所25所（希望机构） ➢ 机构间医疗设备联合采购管理信息系统建设（2013年） —功能：合同委托，采购品目收集，成本调查比较，合同DB管理，阶段合同信息介绍等
共享医疗设备	➢ 构建闲置医疗设备共享应用网络平台（2012年下半年） —公布闲置设备现状情况，由需要的机构提出申请，并进行管理转换 —在已经建立的"首尔市闲置物品共享系统"中增加医疗设备共享功能
共享医疗信息	➢ 建立患者医疗信息共享系统（2013年） —范围：①市立医院—市立医院，保健所（2013）②地区民间医院（2014） —对象：①诊疗委托书回信，用药处方，医疗影像②检查结果纸（判读结果，诊断检查，病理检查），手术记录 ➢ 个人信息保护等保安措施（2013） —患者同意程序，信息接触控制，用户认证数码签名，个人信息暗号等

（2）预算

300万韩元用于网络维护，87万韩元用于采购信息管理系统。

1-6　共享办公设备

（1）推进背景

现状打印机、复印机、传真机、扫描仪等打印设备，每两人拥有一台；过多持有打印设备，增加维护管理费用（2008年20亿→2011年30亿），导致办公空间不足；通过共享功率设备，减少办公设备，以节省维护管理费和能源。

（2）推进方案

部门共享	➢ 一个部门只配置一台输出设备（复合机） —现有职员2人1台功率设备 → 部门（15人）1台 —用一处办公间内，部门间可共享彩色复印机
转换成复合机	➢ 现有打印机、复印机、传真机、扫描仪等转换成复合机 —复合机和其他设备（打印机、传真机、扫描仪）不可重复部署
利用闲置设备	➢ 剩余设备待需求部门调查后重新部署 —重新部署后剩余装备可售卖或在首尔资源中心利用

2-1　共享智能停车场

（1）现状问题

①全天式停车场中，白天有多数停车位未停车（根据地区不同占30%～50%）。

②因管理人员不足，导致道路双侧非法停车现象蔓延，民众对此怨声载道。

（2）推进方案

①利用智能手机构建方便居民使用的共享停车位系统。

车位负责人员利用网络与智能手机提前输入停车位可停车的时间段；

车主通过智能手机搜索附近可使用的停车位信息；

在可停车区域输入车牌号以及停车时间后停车；

按停车时间计费。

②向车位共享者提供停车优惠。

2-2　代际共享住宅

（1）推进背景

首尔老年人口进入百万时代，老龄化社会带来的社会抚养负担增加，同时，部分老年人即使居住空间充裕，但居住空间利用率不足；另一方面，由于缺乏低廉的小型住宅，大学生等青年居住费用负担也在加重。

（2）推进方法

对居住空间充裕的老年人和需要居住空间的青年进行搭配，入住后青年为老年人提供日常生活服务（赶集，外出援助，打扫卫生等）。

（3）参与条件

老年人：65岁以上，拥有自住或可租赁住宅的房间，健康上没有严重问题的老人（需要家庭护理服务者除外）。

青年：18～29岁，无信用不良信息及健康无异常的青年，能为老年人提供一定时间服务的青年（每周10小时左右）。

（4）居住空间及租金标准

居住空间：独立的1个房间，卫生间、客厅、厨房等可共同使用；租金：在周边房价50%以下的原则（协议下可以调整）。

2-3 体验旅游激活城市民宿计划

（1）推进背景

首尔市内客房数97063个（2012年10月），但游客人数达1100万，预计会缺少17000余间客房。因此，有必要利用退休人员的住房，增加收入与工作岗位，激活城市民宿。

（2）推进方案

扩大客流	➢ 考虑与地区居民导游项目联系 —城市民宿和文化旅游解说社（徒步旅游）、胡同导游（钟路区）、旅行经验共享企业（旅行者和导游连接希望地区居民） ➢ 市文化旅游网站和城市民宿共享平台 ➢ 加强海外营销 —运营综合网站（体验城市民宿，韩屋，寺庙住宿等） —网络营销：关键词搜索，在海外门户网站植入广告，如YouTube、Facebook等 —海外宣传：邀请海外当地知名博主进行旅行宣传等
扩大规模	➢ 经营和发放城市民宿教育项目手册 —生活会话，文化圈礼仪，嘉宾接待要领等基本教育 —为吸引顾客的网络SNS营销方法等教育 ➢ 经营和发放城市民宿教育项目手册 —生活会话，文化圈礼仪，嘉宾接待要领等基本教育 —为吸引顾客的网络SNS营销方法等教育 ➢ 逆向抵押贷款 —与银行、退休者相关团体（大韩老人会等）等进行协商 ➢ 建议放宽指定民宿标准：放宽面积、建筑标准，居住地分离等

2-4 闲置公共空间激活计划

（1）现状问题

截至2012年4月，有1182个闲置公共空间，其中300平方米以上的有546个。这些公共空间闲置或者被设置栏杆与私有化，空间利用率不足。

（2）推进计划

公共空间通知服务 （住宅政策室）	➢ 与民间门户网站合作构建市中心小型休憩空间通知服务（2013年） ➢ 对象：300平方米以上的便利设施中，具备休息功能的开放空间 ➢ 提供信息：区位地址、配置图、设施现状照片、管理办公室联系方式等
椅子计划 （公园绿地局）	➢ 在公共空间中增加座椅等便利设施，作为城市休憩空间（2013年） ➢ 鼓励市民参与示范工作，强化空间的故事性 —打造0.5公里的清溪川年轻型街道，鼓励市民捐赠椅子
露天演出场 （文化观光设计本部）	➢ "开放的艺术剧场"项目（街道演出支援项目） —公共空间（建筑企划科推荐）与"开放的艺术剧场"团体进行匹配 ➢ 试点项目以后逐步扩大规模：由2012年3所增加至2013年5所

续表

小规模跳蚤市场 （住宅政策室）	➤ 利用公共空间，运营各地区富有特色的小规模跳蚤市场 ➤ 与网络二手交易企业在参与者、宣传、运营等方面进行合作 ➤ 激活市民个人参与，限制二手交易专业商户或摊贩参与

2-5　老年福利设施复合利用

（1）推进背景

对一些社会福利设施复合利用，用作社区公共活动空间，提高空间利用效率。其中，残疾人福利设施、流浪者福利、精神病人保健设施难以复合利用，因此，以老年人福利设施复合利用为主进行探讨。

2011 年社会福利设施统计

总计	综合型 福利设施	老年人 福利设施	残疾人 福利设施	流浪者 福利设施	精神病人 保健设施
5236	96	4433	534	84	89

（2）推进计划

开放敬老院	➤ 开放夜间与周末时间段的敬老院，作为社区活动空间 —通过分时段利用，在保持现有敬老院功能的同时，解决社区活动空间不足的问题 —研究制定空间预约使用与空间管理办法等详细运营方案 ➤ 运营世代同堂项目 —实施祖父母共同育儿、城市菜园等计划
建立多功能 综合中心	➤ 建立以老幼复合型为新概念的多功能老年人综合中心，计划2012～2014年间在九老区布置1所 —功能包括图书馆、儿童之家、自助餐厅、画廊、会议室、居民聚会空间等

2-6　青年共享社区

（1）推进背景

在首尔的大学里，只有17%的学校学生住在宿舍，宿舍接纳率：延世大学（19.1%）、西江大学（12%）、梨花女子大学（7.7%）、弘益大学（4.3%）、明知大学（2.8%）。而青年人寄宿自炊房（韩国出租房的一种类型，可自己做饭）平均月租约50万韩元，居住费用负担较重。

（2）推进方案：利用闲置的土地与住宅，增加青年居住空间

利用闲置土地建立公共宿舍	➢ 与顺川、泰安及其他地方自治团体合作，建立公共宿舍 —江西区内钵山洞120室 ➢ 暴雨期间未利用的水库地区建立公共宿舍 —广津区九宜洞700室 ➢ 利用市政土地供应一居室型大学生住房 —麻浦区延南洞30室 ➢ 利用旧有土地建立公共宿舍 —芦原区孔陵洞20室
购买现有住房	➢ 购买多栋单独住宅，以低廉的费用租赁给大学生 —共完成718间房供应，预计每年供应300间房
青年住房114项目	➢ 构建大学生居住信息共享平台（zipnet.kr） —提供寄宿房、自炊房价格及空置信息 ➢ 收集居住信息，建立共享系统 —对信息共享者予以奖励，加强与民间团体的合作

3-1 共享"真人图书馆"

（1）推进背景

市、自治区、政府、民间团体等多个机关正在推进人才数据库建设工作，但是需要建立更加整合的数据库，并通过共享信息，才能更好地提高使用便利度。此外，与自治区运营的人才库进行联系才能更好地共享人才。

（2）推进方案

建立首尔"真人图书馆"	➢ 整合已运营的人才数据库 —整合市里运营的人才库（青年创业人才，专职志愿者等）和自治区人才资料，建立按才能分类的数据库 ➢ 与韩国保健福祉部、雇佣劳动部等中央部门建立工作联系
加强数据库之间的相互联系	➢ 与自治区共享人才数据库 —通过与自治区共享人才数据资料，增加人才数据库的信息 ➢ 联合已运营的人才数据库，共享优秀事例和运营经验

注："真人图书馆"是将各领域的人才或经验人士比作"真人图书"，读者通过各种方式预约后可与其进行交流座谈，共享知识与经验。

3-2 首尔企业赞助文化艺术活动

（1）推进背景

文化艺术团体需参与解决老年人文化疏离感、学校暴力、多文化冲突等社会问题，恢复人民自尊感。将Mecenat项目（企业赞助文化艺术活动）与解决社会问题的公益项目联系起来，积极促进文化艺术团体贡献更多的文化力量。

（2）推进计划：鼓励企业对公益性文化项目进行资助，首尔市予以支持

挖掘公益类 文化项目	➢ 解决社会问题 —通过文化艺术解决老年人疏离感、学校暴力等社会问题 ➢ 福利 —改善弱势群体文化环境、增加寻访演出 ➢ 教育 —加强体验型艺术教育，如小图书馆及书吧活动 ➢ 双赢 —培育与支持文化艺术类社会企业 ➢ 合作 —通过与其他领域合作创造新的社会价值
政府与企业 进行合作	➢ 推进方式：规划型项目+公募型项目 —规划型：首尔市—企业共同规划项目，保险公司支援老年人文化项目，游戏公司消除学校暴力等 —公募型：通过公开募集，将项目与企业挂钩 ➢ 首尔市对相关企业进行资助（比例与企业协商） —拟资助10个项目，每个项目5000万韩元左右

3-3 共享婚礼

（1）推进背景

改善繁文缛节的婚礼，实行简朴、有意义的小型婚礼，引领新型结婚文化。通过居民的广泛参与，打造温馨、共享的婚礼。

（2）工作概要

参与对象：普通市民以及因经济原因未能举行婚礼的市民。

捐赠方式：公民自愿捐赠或民营企业赞助等方式。

开放结婚礼堂：2012年1月1日市民管理局成立以后。

4-1 S-JOB共享招聘计划

（1）推进背景

青年人对社会企业、乡村企业、合作社等创新企业和组织十分关注，但企业大多

零散，缺乏足够的招聘信息；同时，企业进行单独招聘时，难以确保费用负担以及选拔到优秀的人才。

（2）推进方案

①人力需求调查

对象：对社会性企业、乡村企业、合作社、共享企业等进行抽样调查。

调查内容：人员现状、现有聘用方法、新聘用计划、所需支持服务等。

②招募参展企业

对象：有正式员工聘用计划的社会性企业等。

招募方法：填写工作参与申请书，接受电子邮件、传真。

③统一招聘公告

主要在就业网站、劳动部工作网登载综合招聘公告。

向大学、特性化高中、首尔就业中心等宣传。

④综合选拔及培训

社会企业博览会（2012年11月9日～10日，首尔国际展览中心）进行综合招聘。

选择专门的培训机构，对新员工进行统一、综合的基础培训。

4-2 团购幼儿园校车计划

（1）推进背景

通过共同购买幼儿园及福利设施的车辆，降低购买价格，节约成本。

（2）推进方案

①需求调查

幼儿园：按幼儿园分类进行购买需求调查。

福利设施：对残疾人车辆、移动沐浴车辆等不同用途车辆的需求进行调查。

②车辆团购小组构成

幼儿园：首尔市、幼儿园联合会等5人左右（2012年8月）。

福利设施：首尔市、自治区、福利法人等（2012年11月）。

③与汽车公司协商

协商：团购小组与车企（现代起亚等）进行协商。

幼儿园：通过国家公共采购服务中心进行采购（适用采购单价）。

福利设施：按车辆类别实施协商（2012年12月）。

④购买决策

由幼儿园及福利设施决定购买决策。

5-1 首尔共享WiFi计划

（1）推进背景

通过共享网络及网络设施，扩大免费公共WiFi范围。

（2）实施现状

在36个地区安装了327个WiFi热点。

（3）实施目标

2012年在149个地区安装727个WiFi热点，安装地点主要选择流动人口较多的地区以及无线网络基础设施较差的地区。

地区	市场	公园	广场	旅游胜地	主要街道	公共大楼
安装数量	10	52	18	5	43	21

（4）推进计划

构建与企业的合作关系	➢ 与3家移动通信公司（LGU+、SKT、KT）签署了谅解备忘录（2011年6月15日） —首尔市：提供行政支持以及通信网络，如交通信号控制器、监控器等 —移动运营商：安装和运营WiFi设备（热点）
在公共场所安装无线路由器	➢ 公共免费WiFi —在主要街道、旅游景点、公园等流动人口较多的地区优先设置 —传统市场：改善传统市场环境 ➢ 在公共办公楼安装WiFi —包括办公楼、信访室、弱势群体援助、应急等
宣传和提供信息	➢ 安装无线宽带接口 "Seoul WiFi AP" —标志开发与制作（2012年1月） ➢ 打造公共WiFi服务网络地图（2012年12月） —提供地理信息系统（GIS）坐标等信息

5-2 首尔照片银行

（1）推进背景

将此前分散在各个管理部门的首尔市所有照片资料汇集在一起，与市民共享，并

走向共享社区——基于共享理念的社区更新之道

为一些市民提供城市照片资料共享平台。

（2）推进计划

照片管理系统	➤ 建成并运行城市照片综合管理内部系统（2012年10月） —各部门当日拍摄的图片可直接登记（管理者模式） —市属所有公务员可阅览下载（用户模式） ➤ 通过为每张照片设置编号、索引目录、拍摄者姓名等强化检索功能 ➤ 照片构成：市政相关活动、主要建筑物、景观照片等 照片的输入：媒体负责官员，市民沟通负责官员，总务科 ➤ 与WOW（韩国某电视台）联动，整合搜索功能并统一公开（2013年）
首尔文化画廊	➤ 城市旅游照片管理——首尔文化画廊（gallery.seoul.go.kr） —提供旅游摄影获奖作品以及与旅游相关的照片 ➤ 与WOW（韩国某电视台）联动，整合搜索功能并统一公开（2013年）
市民参与型照片 共享综合平台	➤ 将"WOW照片"改造为"市有照片"与"民有照片"的共享平台（2013年） —市有照片：与照片管理系统及旅游照片管理信息联动 —民有照片：公开征集市民的照片 ➤ 增强照片的搜索功能 —细分主题类别，增加照片搜索的便利性 —将照片的题目、日期、场所等信息编入索引目录，并设置唯一编号 ➤ 对照片设置CCL(允许在某些条件下免费使用的许可) —在作者标记（BY）、非营利（NC）、禁止变更（ND）、变更条件许可（SA）中选择作者想要的利用条件进行登记注册
旧照片征集	➤ 征集民间的首尔旧照片（文化艺术系）：2012年8月1日～10月8日 作为首尔摄影节主展的一部分（市立美术馆）

5-3　智能共享文化信息

（1）推进背景

随着IT技术的发展以及智能手机的普及，可以更加有效地共享信息。可通过智能技术，向外国游客、聋哑人等人群介绍旅游景点与展品内容。

（2）推进方案：建立QR码、NFC标签信息系统

QR码中的首尔故事	➤ 展示信息：关于首尔市旅游景点的故事视频 通过附着的QR码及NFC标签，以智能机器提供视频服务 ➤ 构筑对象 —制作关于4大门（20篇）及纪念碑（30篇）的故事视频：2012年 —增加作为故事素材的场所（5篇）：2013年 ➤ 提供语言：韩语、英语、汉语、日语

续表

U-Smart无障碍 导览信息	➢ 展示信息：市属博物馆展品的导览视频 ➢ 构筑对象 —历史博物馆、市立美术馆、清溪川文化馆、东大门历史馆、首都博 物馆（共5处） —制作30部高级指南影像，210部一般指南影像（共240篇）：2012年 —补充制作和影像更新（共50篇）：2013年 ➢ 提供语言：韩语以及手语视频

Ⅴ．共享城市的基础及推广

■打造共享城市基础

➢ 制定促进共享条例

➢ 打造首尔共享枢纽（Hub)

➢ 发挥制度改善及矛盾调解的作用

■支持共享团体及共享企业

➢ 引入共享团体及共享企业认证制度

➢ 共享团体及共享企业行政性财政补贴

➢ 支持共享企业创业

■市民参与推广

➢ 组成和运营"首尔特别市共享促进委员会"

➢ 举行共享城市博览会

➢ 发现并推广优秀的共享实例

首尔特别市共享促进条例①

서울특별시 공유 촉진 조례

2012年12月31日

第1条（目的）本条例旨在通过促进共享，最大限度地利用资源、重塑共同体、

---

① 翻译自"서울특별시 공유 촉진 조례"，韩语原文网址：http://www2.seoul.go.kr/web2004/seoul/
citynews/sibo2013/sibo_view.html?cnSeq=NzcwMA==&tr_code=snews

促进区域经济，规定必要的事项。

第2条（定义）本条例所使用的术语的含义如下：

1. "共享"（以下简称"共享"）是指通过分享，利用空间、物品、信息等，提高社会、经济、环境价值，增进市民便利的活动。

2. "共享团体"是指通过共享，为经济、福利、文化、环境、交通等社会问题做出贡献的非营利民间团体及法人，根据第8条指定的团体及法人。

3. "共享企业"是指通过共享，为经济、福利、文化、环境、交通等社会问题做出贡献的企业，根据第8条指定的企业。

第3条（市长的职责）

1. 市长应努力使首尔特别市（以下简称"市"）及投资机构的公共资源共享。

2. 市场应提供必要的支持，以促进公民和企业共享民间资源。

第4条（市民参与）市民和企业积极参与公共领域的挖掘和实践，促进公共领域的发展。

第5条（促进共享政策）市场为促进共享，应当积极推进包括以下各项在内的相关政策：

1. 公共领域的挖掘和实践援助；

2. 发展共享团体和共享企业；

3. 扩大促进共享的认识；

4. 改进促进共享的法规和制度；

5. 国内外共享团体，企业和机构之间的合作；

6. 此外，为促进共享而承认必要的事项。

第6条（与其他法令和条例的关系），除其他法令或条例另有规定外，均依照本条例规定。

第7条（与自治区合作）市长要支持自治区促进共享政策，积极与自治区合作，推动促进共享政策。

第8条（指定共享团体及共享企业）

1. 市长根据《非营利民间团体支援法》规定的非营利民间团体、《民法》规定的非营利法人、《中小企业基本法》规定的中小企业、《首尔特别市社会性企业培养条例》

规定的社会企业及预备社会企业中，指定通过共享解决社会问题的团体、法人及企业为共享团体及共享企业。

2. 依照第1款指定的共享团体及共享企业应为传播共享文化，增进市民便利而积极努力。

3. 第1款所涉及的社会问题的范围，共享团体及共享企业的指定条件，指定程序，取消指定等具体事项由规则规定。

第9条（补助金等支援）

1. 市场对共享团体及共享企业，根据第11条，经共享促进委员会审议后，可以在预算范围内提供补助金等支援，以及改善制度等行政支援。

2. 对从首尔市或自治区得到补助金的项目，以同样的目的，在本会计年度不能重复支援补助金。

3. 根据第1项规定获得补助金的共享团体及共享企业，应按照首尔市规定的程序与首尔市签订补助金支援相关协议，并应另行设置账户，管理收入和支出。

4. 共享团体及共享企业应当按照第三项公约的规定，认真执行辅助项目，不得将补助金用于其他目的。

5. 市场对共享团体及共享企业非法和不当使用补助金的情况，可以取消共享团体及共享企业的指定。

6. 关于补助金的业绩报告、结算、检查及监督，对非法和不当使用补助金的制裁等具体事项，依照首尔特别市补助金管理条例及首尔特别市社会团体补助金支援条例进行。

第10条（支持中小企业培育基金等）

1. 市场可以向共享企业提供中小企业培育基金及信用担保等支持。

2. 市场对于公益性目的的共享团体及共享企业，必要时可允许使用公共设施，并可减轻使用费等。

3. 根据第1款及第2款提供的帮助与减轻等具体事项，由个别条例及规则规定。

第11条（设立共享促进委员会）

1. 为促进共享政策和支持共享团体及共享企业等的审议及咨询，设立直属市长的首尔特别市共享促进委员会（以下简称"委员会"）。

2. 委员会由15名以内的委员组成，其中包括一名委员会主席和一名副主席。

3. 主席是从委任委员中选任，副主席是负责创新业务的局长级公务员。

4. 自然委员是负责经济，福利，交通，创新业务的局长级公务员，委任委员由市长在以下各项职位的人员中委任。

①首尔市议会议长推荐的首尔市议会2名议员；

②学术界对共享有研究经验的人；

③在非营利民间团体、非营利法人、中小企业或社会企业等中具有与共享相关的工作经验的人；

④作为律师或注册会计师，有过与共享相关的社会活动经历的人；

⑤作为四级以上公务员，负责或负责与公共事务有关工作的人；

⑥此外，第2号至第5号中被认定有资格符合某项规定的人。

5. 自然委员的任期为其任职期间，委任委员的任期为三年，可一次连任。但是，补缺委员的任期是前任者的剩余任期。

6. 设一名干事负责处理委员会的事务，干事担任社会革新专员。

第12条（委员会的职能）委员会审议和咨询下列事项：

1. 审议关于指定和取消共享团体和共享企业；

2. 审议关于支持共享团体和共享企业；

3. 关于制定和评价促进共享的政策的咨询意见；

4. 关于改善促进共享的法规和制度的咨询；

5. 此外，关于为促进共享而承认市场需要的事项的子问题。

第13条（会议）

1. 委员会主席召集委员会会议，由其担任主席。

2. 委员会在下列情况下召集：

①市场有召集要求的情况；

②在编委员三分之一以上要求召集的情况；

③此外，主席承认有必要的情况。

3. 委员会的会议以过半数在编委员出席开会，以过半数出席委员赞成表决。

4. 委员中与审议与咨询对象有利益关系的委员，不得参加有关审议与咨询；委员发现与该议案有利益关系的，不得参加该案件的审议与咨询。

5. 委员会在必要时可请案件所涉公务员及专家出席会议，听取意见或提出必要的资料。

第14条（津贴和旅费）委员会出席会议的委员，可根据《首尔特别市委员会津贴和旅费支付条例》规定，在预算范围内支付津贴和旅费。

第15条（实施规则）本条例实施所需的细节由规则确定。

附则

本条例自公布之日起施行。

首尔特别市共享促进条例实施规则①
서울특별시 공유 촉진 조례 시행규칙
2013年2月21日

第1条（目的）本规则旨在规定"首尔特别市共享促进条例"实施所需的事项。

第2条（社会问题的范围）"首尔特别市共享促进条例"（以下简称"条例"）第8条第1款所称"社会问题"是指符合下列各款中的任何一条的内容：

1. 经济衰退、青年失业和提前退休等与经济有关的问题；

2. 老龄化、青年居住、社区瓦解、单身家庭增加等与福利相关问题；

3. 文化疏远、文化项目不足、旅游住宿设施不足等与文化有关的问题；

4. 过度消费、能源枯竭、资源浪费等与环境有关的问题；

5. 交通拥堵、停车场不足等与交通相关问题；

6. 此外，首尔特别市（以下简称"市"）共享促进委员会（以下简称"委员会"）认可的事项。

第3条（共享团体的指定条件）欲被指定为共享团体者须具备下列各项条件：

1. 根据《非盈利民间团体资助法》设立的非营利民间团体或根据《民法》设立的

---

① 翻译自"서울특별시 공유 촉진 조례 시행규칙"，韩语原文网址：http://www2.seoul.go.kr/web2004/seoul/citynews/sibo2013/sibo_view.html?cnSeq=NzgwMw==&tr_code=snews.

非营利法人；

2. 追求通过共享来解决社会问题；

3. 最近6个月以上与共享有关的活动实绩。但是，在委员会决定有必要促进共享政策的情况下，可以另作决定。

第4条（共享企业的指定条件）欲被认定为共享企业的，应当具备下列各项条件：

1. 根据《中小企业基本法》的中小企业或根据《首尔特别市社会性企业培育相关条例》的社会性企业及预备社会性企业；

2. 追求通过共享来解决社会问题；

3. 最近6个月以上与共享相关的经营活动业绩。但是，在委员会决定有必要促进共享政策的情况下，可以另作决定。

第5条（指定程序）

1. 第3条或第4条，欲被认定为共享团体或共享企业的，应当将指定申请书和指定审查所需的下列各项文件附件一并提交市长：

①确认具备根据第3条和第4条提出的条件的文件

②促进共享活动或与推广共享文化有关的工作计划书

③此外，委员会承认为指定共享团体和共享企业进行审查所必需的资料等。

2. 市长根据第1项接受共享团体及共享企业指定申请书时，从申请期限结束之日起60日内经委员会审议，如果认定为共享团体或共享企业，则向申请人另行指定团体签发第1号文件。

第6条（取消指定和撤销指定）

1. 市场被指定共享团体及共享企业的人符合下列各项的任何一种情形时，可以取消或撤销共享团体及共享企业的指定：

①以虚假或不正当手段获得指定时；

②不具备指定条件时；

③违法或不当活动给参与的市民造成相当大的损失时；

④从事明显违背指定目的的活动时。

2. 市长想要取消或撤销共享团体或共享企业的指定时，应在听证和委员会审议后，明确表明取消或撤销的理由，并告知该共享团体或共享企业的代表。

3. 依照第1款，市长取消或撤销共享团体或共享企业的指定时，应当及时澄清其理由，告知有关行政机关负责人，并在市报上刊登。

4. 市场可根据《条例》第九条的规定，在获得补贴的共享团体或共享企业根据第一款的规定被取消指定的情况下，收回补贴的全部金额；在撤销指定的情况下，可收回补贴执行余额。

第7条（听证）

1. 市长欲按第6条第2款进行听证的，应当将听证的日期和地点填写的出席要求书送交有关共享团体或者共享企业的代表。

2. 在收到根据第1款提出的听证出席要求书的共享团体或共享企业的代表因不得已的原因不能在指定的日期出席的情况下，可以调整其临时安排。

3. 如果共享团体或共享企业的代表在没有正当理由的情况下没有出席或明确表示放弃陈述意见的机会，则可以不进行听证。

4. 因第3款原因而未实施听证的，应给予利用书面或口头或信息通讯网提出意见的机会；无正当理由未提出意见期限的，视为无意见。

第8条（税务运行规定）市场可以制定并实施本规则所必需事项的具体规定。

附则

该规则自公布之日起施行。